U0924805

[美国] 西德尼·佩尔科维茨 著　杨晨 译

物理学

牛津通识读本·

Physics

A Very Short Introduction

译林出版社

图书在版编目（CIP）数据

物理学 /（美）西德尼·佩尔科维茨（Sidney Perkowitz）著；
杨晨译．—南京：译林出版社，2024.4（2024.12重印）
（牛津通识读本）
书名原文：Physics: A Very Short Introduction
ISBN 978-7-5753-0060-5

Ⅰ.①物… Ⅱ.①西… ②杨… Ⅲ.①物理学 Ⅳ.①O4

中国国家版本馆 CIP 数据核字（2024）第 046062 号

著作权合同登记号 图字：10-2020-133 号

物理学 ［美国］西德尼·佩尔科维茨 / 著 杨 晨 / 译

责任编辑 许 丹
装帧设计 景秋萍
校　　对 施雨嘉
责任印制 董 虎

原文出版 Oxford University Press, 2019
出版发行 译林出版社
地　　址 南京市湖南路 1 号 A 楼
邮　　箱 yilin@yilin.com
网　　址 www.yilin.com
市场热线 025-86633278
排　　版 南京展望文化发展有限公司
印　　刷 江苏凤凰通达印刷有限公司
开　　本 890 毫米 ×1260 毫米 1/32
印　　张 9.25
插　　页 4
版　　次 2024 年 4 月第 1 版
印　　次 2024 年 12 月第 2 次印刷
书　　号 ISBN 978-7-5753-0060-5
定　　价 39.00 元

序　言

顾　民

科学普及，可谓一项艰巨之事，尤其是物理科普，更是难中之难！昔日有人问及相对论之含义，爱因斯坦回答道："若你与一位美丽女子共度一小时，你感受如同一分钟；若独自一人静坐一分钟，便似度过数小时。此即相对论也。"言简意赅，形象生动，诚如春风拂面，不胜妙趣。然而以形象示人，以比喻启智，虽显优雅，实则无奈之举。以指标月，但见其指。物理奥秘，大众难窥，奈何！

所幸，迎难而上者时有所遇，西德尼·佩尔科维茨（Sidney Perkowitz）堪为一例。佩氏乃美国杰出学者，曾就职于著名的埃默里大学，为查尔斯·霍华德·钱德勒荣休教授，且为美国科学促进会会员，长年从事物理研究、教育及管理，倾心于科学普及和科普写作，著有众多作品，其中包括《光之帝国》（*Empire of Light*）、《普有泡沫》（*Universal Foam*）及《数字人》（*Digital People*），被译为多国语言，甚至盲文，广为传播。在此，我们介绍的是佩氏与牛津大学出版社合作的成果——科普读物《物理学》，此书收录于“牛津通识读本”之中，并广受国际读者欢迎。

首先，佩氏之书，独具匠心，虽言物理，而不沉溺于方程之海。凡论物理，即便科普，常离不开方程与公式，视之如蚯蚓般爬行、如蝌蚪般浮泅，读之更令人困惑不解。除少数专业学者外，其他人开卷不久就会梦见周公之蝶。可见方程之繁杂，公式之晦涩，困扰众生。佩氏深谙其中弊端，故在叙述物理内容时，不着痕迹，以形象生动、概念清晰的方式描绘，完全抛弃数学化语言，此举可谓本书最为卓越之处，犹如劈崎岖之山，成平坦之路；驱障眼之雾，启智慧之光。读者只需具备少量物理基础知识即可放心开卷阅览此书，赏析并深入地了解物理这门伟大的学科，探寻物理奥秘，此乃科普之至善也！

其次，本书叙述宏大，横跨古今，勾勒了物理学的发展历程及内在逻辑。物理学源自古希腊，众所周知，亚里士多德曾言：“质量越大，加速度越大。”然而，伽利略却推翻此说，他观察斜坡滚动的球体，提出自由落体定律，指出加速度与物体质量无关，建立了物理学中实验验证理论的标准。这些事实如今看来似乎十分简单，在当时却饱经论战，波澜壮阔，书中有详尽描述。哥白尼的日心说亦是如此。最终，经由开普勒和牛顿的努力，才确立了物理学的基本框架，既有实验，又有理论。二者相辅相成，缺一不可。然事实并非总是如此简单，以太理论、热力学、量子理论、宇宙大爆炸理论等，皆曲折复杂，书中详细描述，实事求是，值得深思。由此引发的问题，例如科学为何兴起于西方而非东方，亦值得我们深入思考。

最后，佩氏多角度介绍了物理学的应用，如潮汐、地磁、天文望远镜、晶体管、LED、激光、X射线、核磁共振、医学超声、太阳能电池、核能（裂变与聚变）、生物物理、放射医学、放射性测年（地质测年与考古测年）等，并讨论了一些热点问题，如暗物质与暗能量、薛定谔的猫和量子纠缠、量子计算和量子通信等。总之，佩氏在此书中全面展示了物理学的全貌，解答了物理研究的重要性及其对人类社会的影响等重要问题。易懂易读，实为一部难得的科普之作。

言之有味，译者功不可没。杨晨，北京理工大学物理学硕士。翻译出版多部图书，并曾为《环球科学》旗下“科研圈”公众号提供译文并参与审校工作。翻译乃文化交流之精髓，杨氏倾心其中已近十载，可谓卓越精深。今特译佩氏大众通识读本《物理学》，以供国内读者参考学习，实属一项极具意义之举。翻译之艰辛，信任与理解是关键。尤其是在物理学领域，术语繁多，理念玄妙，翻译起来可谓充满挑战，若非志愿者，岂能胜此重任？杨氏之译文，笔力沉稳，理念质朴，名副其实。闲暇之余翻阅，广博知识，润物无声！

本书一如既往地献给我挚爱的家人：献给我的爱妻桑迪，献给麦克、埃丽卡和诺拉。

是他们让我的生活和写作变得丰盈。

目录

前　言

“物理学”是一个宏大的课题，它跨越了漫长的时间和广袤的空间，贯穿着繁多的思想。这门学科和古希腊人的自然哲学一样古老，也和美国国家航空航天局（以下简称NASA）、欧洲核子研究组织（以下简称CERN）以及最新的技术一样年轻。它还是一项全球事业。它的许多成果，比如发现希格斯玻色子、探测引力波，都是由大型国际研究团队完成的。

物理学涵盖的范围比地球还要广大。它有一个目标，就是理解整个宇宙，理解宇宙从起始到终末、从夸克到全部时空的一切。物理学通过基本粒子、凝聚态和天体物理学等子领域和伙伴领域，为我们理解自然的各个尺度，推动那些塑造我们日常生活的技术，以及探索生命和包括人类在内的生物的本质提供了很大的帮助。

本书的目的，就是帮助读者深入了解这门大学科。我希望为各位充分展示物理学的样貌，展示这门学科及其历史的相关内容；带你们赏析物理学包含的东西；了解物理学家怎样从事

研究，他们的研究为何重要；解读社会如何支持物理学研究，为
i 何要支持这些研究，还有物理学怎样影响着社会；思考物理学将
如何回答“万物始于何处？”“我们如何在地球上持续发展？”
等人类重大问题。

这本概论吸收了我作为物理研究者、教育者和管理者的职业经验，也吸纳了我在科学推广和科普写作中的诸多成果。我在企业、学术和政府实验室等方面都有过研究经历，用自己实验室的桌面仪器做过“小”物理，也在洛斯阿拉莫斯国家实验室用大型设备做过“大”物理。我参观过许多在物理学史上留下浓墨重彩的地方，比如发现了膨胀宇宙的威尔逊山天文台、新墨西哥州阿拉莫戈多第一次原子弹实验的原址，还有第一次准确测量出光速的巴黎天文台。

我在分享各种物理学的经验与知识时，注重的是让这门学科平易近人。我假设读者只有少量物理学的预备知识，因此在叙述上没有使用数学化的语句，而是采用描摹式、概念式的描写。

如果你在读完《物理学》后，对物理学是什么、物理学和物理学家如何工作以及为何如此工作有了更深的理解，那么本书便成功了。而如果你在读完之后还想了解更多内容，甚至立志要从事物理学或其他科学研究，那本书便可谓双倍成功了。

不过最重要的，还是希望各位喜欢本书。

西德尼·佩尔科维茨

佐治亚州亚特兰大及华盛顿州西雅图

ii 2017—2018年

致　谢

非常感谢牛津大学出版社的策划编辑拉莎·梅农，她积极回应了我写作物理通识读本的想法，让它通过了提案阶段，并编辑、改善了初稿；珍妮·努格在我撰写本书期间有效地回答了我的各种疑问，凯莉·希克曼则帮我查找了插图；还有乔伊·梅勒，她做了实际的审稿工作。我还要感谢所有匿名审稿人的有益评论。

我要特别感谢两位志愿读者马克·默林和温斯顿·金，他们分别是亚特兰大科学酒馆的执行董事和联合主任。二人分别在我的不同写作阶段阅读了手稿，然后根据自己对物理学、科学推广和教学的深入了解提出了一些修改建议，使本书变得更加清晰和完善。

我要感谢两名美国物理学会的工作人员——统计研究中心高级调查科学家帕特里克·马尔维和政府关系科科学政策分析师威廉·托马斯。他们提供了美国联邦支持物理学发展、聘用物理学家的情况和物理学博士培养数量的统计数据，并做了解释。

本书的任何错误都由本人负责。

缩略词表

a	acceleration 加速度
Al_2O_3	aluminum oxide 氧化铝
APS	American Physical Society 美国物理学会
c	the speed of light 光速
CAT	computerized axial tomography (scan) 计算机断层扫描
CdSe	cadmium selenide 硒化镉
CERN	European Organization for Nuclear Research 欧洲核子研究组织
CMB	cosmic microwave background 宇宙微波背景
CO_2	carbon dioxide 二氧化碳
DoD	US Department of Defense 美国国防部
DoE	US Department of Energy 美国能源部
E	energy 能量
ESA	European Space Agency 欧洲航天局
F	force 力

fMRI functional magnetic resonance imaging 脑功能磁共振成像

GaN gallium nitride 氮化镓

GPS global positioning system 全球定位系统

H horizontal 水平

ICBM intercontinental ballistic missile 洲际弹道导弹

ISS International Space Station 国际空间站

ITER International Thermonuclear Experimental Reactor 国际热核聚变实验堆

LED light emitting diode 发光二极管

LHC Large Hadron Collider 大型强子对撞机

LIGO Laser Interferometer Gravitational-Wave Observatory 激光干涉引力波天文台

LQG loop quantum gravity 圈量子引力

m mass 质量

MIT Massachusetts Institute of Technology 麻省理工学院

MRI magnetic resonance imaging 核磁共振成像

NAS National Academy of Sciences 美国国家科学院

NASA National Aeronautics and Space Administration 美国国家航空航天局

NIF National Ignition Facility 国家点火装置

NMR nuclear magnetic resonance 核磁共振

NRC National Research Council 国家研究委员会

NSF National Science Foundation 国家科学基金会

PET positron-emission tomography 正电子发射断层扫描

QED	quantum electrodynamics 量子电动力学
qubit	quantum bit 量子比特
QUEST	Quantum Entanglement Space Test 量子纠缠空间测试
Rad Lab	MIT Radiation Laboratory 麻省理工学院发射实验室
ROMY	Rotational Motions in Seismology 地震旋转运动
sonar	sound navigation and ranging 声音导航与测距
V	vertical 垂直
WIMP	weakly interacting matter particle 弱相互作用大质量粒子

第一章

一切自希腊人始

即便你不是物理学家、没学过一门物理课程，物理也是你生活的一部分。你的智能手机使用了根据量子力学制造的半导体芯片；如果你拍过X光片或者做过核磁共振，那么你便体验了从物理实验室发展出来的医学技术的好处；如果你关心清洁能源、注重环境保护，或是担心爆发核战，那么这些话题也离不开物理学；如果你曾仰观夜空繁星，像众人一样想知道它们与世间万物从何而来，那么物理学会告诉你答案。

从消费用品到探索未知边缘的研究，物理学已经融入了我们的日常活动、社会文明和远大志向之中。它是一门获得了社会坚定支持的基础学科，也是其他学科与技术的根基。不过，这场人类伟业发轫于很久以前，最初的规模也很小，只存在于几位想要理解周身世界的希腊思想家的头脑之中。

好奇与理解

从古希腊人实践的自然哲学到如今错综复杂的理论和仪

1 器，物理学史如果有一个贯穿始终的永恒主题，那么它将包含两个方面：对大自然的好奇，以及我们人类能够理解自然的信念。日出日落、观海听涛，我们的古老先人想必对身边的自然现象惊讶不已、充满敬畏。这些情感，定然伴随着想要理解所见事物的愿望。

我们依旧会为周身的美好与造化惊奇不已，但今非昔比，如今我们对于感官感知或以专门器材测得的现象，虽说还不能尽数阐明，但也能解释大半。我们不断寻求更广泛、更深入的理解，现在又有了满足这份好奇的各种工具——这些工具的发展本身就是物理学等一切科学发展史的重头戏。

物理学与自然

物理学在建立伊始就与自然有着深厚联系，它的名字“physics”来源于希腊语词根“physis”，意思是“自然”。但形成现代物理学的工具演化了很长时间。我们的古老先人认为，希腊奥林匹斯主神宙斯会惩罚一切挑战其权威的神明与凡人，而自然造化就控制在这等反复无常的神明手中。后来，对神的信仰让位于一套融合于物理学的概念与技术，物理学成为探索宇宙的整体方法。

人类能够通过智慧的理智思考理解世界的造化，这个信念过去是，现在依然是物理学思想的要义。相比先前人们相信神明能够在人类的知识与控制之外随心所欲，这是一个重大的观念改变。因果思想与之有密切联系，它相信世间的物质作用（比如施加一个力）会产生可以预测的结果，且相同条件下，同样的

2 原因总能产生同样的结果。

发展物理学的其他必要条件包括仔细观察、持续记录自然事件，比如行星与恒星的规则运动。再之后是定量分析。数学成为物理学的语言，是处理数据、表达物理思想、构建世界模型、预测世界行为的最有力、最简洁、最准确的方式。另外还有两个先决条件：一个是实验的概念，即通过人为设计限制现实实在的一部分，从而检验某个特定的思想，其典型形式是将观测与记录的量化数据相结合；另一个是理论物理学的发展，它用数学来分析、解释物理行为和实验结果。

这些要素并非一蹴而就，也不在同一地点出现，它们诞生于不同的国家与文化，经历了几千年的时间。举一个已经融入物理学之中的例子：在希腊人之前，早期的苏美尔人、巴比伦人和埃及人就已经提出了各种测量方法，并在其中应用了数学。苏美尔人和巴比伦人制作了星表，埃及人发展了实用数学，以处理因尼罗河泛滥、土地界标被抹去之后的土地分配问题。

世界上的其他古文明也提出了多种物理和量化科学，以及能够体现他们掌握了一些物理学原理的技术。例如，中国人发明了算盘和罗盘等诸多装置与方法；南亚的印度数学家提出或广泛传播了一些基础的数学观念，比如“零是一个数”、负数等概念；中美洲的玛雅人发展出了精密的天文学体系和历法；南美的印加人则设计建造了一套大规模的道路和沟渠系统，用以水文管理。

然而，自然“律”无须神明介入，可以用理性来理解的中心
思想应当追溯到早期的希腊哲学家，尤其是亚里士多德——他 3
在其《物理学》中提出了一个世界体系。这本书的书名与这个词现在的意思不同，亚里士多德这样的自然哲学家也不像如今

的物理学家。他们不必做实验或是运用数学，但他们确实在寻找自然律，比如运动和变化的规律，这是物理学的主题。

运动的物体

希腊思想家非常看重研究运动，这似乎是必然之事。地球和天界很少有事物固定不变，我们身边到处是变化，希腊哲学家赫拉克利特就意识到这一点，写下了“人不能两次踏入同一条河流”这句话。而且，我们总能看到并本能地感受到日常生活中的运动因果，比如丢出石头要用力，而不同大小的力会让石头的轨迹有所不同。

亚里士多德对运动的分析有其洞见，但他的落体定律暴露了希腊思想的弱点，即它不会运用经验结果来理解自然。亚里士多德断言更重的物体下落得更快，这听上去符合常识，但并不正确。做过许多实验之后，我们就会明白，在给定的重力场中，一切物体都会以相同的加速度下落。然而希腊的思辨产生了一些重要思想，如阿布德拉的德谟克利特捍卫的原子论，他将其精简为这么一句话：“原子和空间之外无物存在，其他的一切都是观念。”不过某些早期思想家也确实做了一些实验与观察。例如，阿基米德发现了液体的浮力原理；而在公元2世纪，克劳狄乌斯·托勒密搜集了光在不同介质间折射或者说弯折的数据。

随后的每个世纪都有自己的物理贡献。早先的工作追随
4 着希腊哲学家尤其是亚里士多德的著作，但不是所有的文明都拓展了这些思想。罗马哲学家兼诗人卢克莱修只是向自己的市民同胞解释希腊科学，便产生了极大的影响。他的诗作《物性论》以清晰呈现原子论等希腊思想而闻名。这首诗影响了艾萨

克·牛顿对落体运动的理解，也影响了苏格兰数学生物学家、经典著作《论生长与形式》（1917）的作者达西·汤普森对生物受到的物理约束的思考，他认为卢克莱修给每一代科学家都带来了灵感。

希腊人与罗马人对物理学的贡献是西方文化的一部分，而在9世纪初，则是中东文化引领了物理学思想的研究与传播。巴格达的学者将亚里士多德等希腊人的著作译成阿拉伯语，阿拉伯天文学家兼数学家伊本·海赛姆（又以其英语化后的名字“阿尔哈曾”而闻名）则在光学方面取得了许多进展。海赛姆证明托勒密对折射的分析是错的，驳斥了后者认为视觉出自人眼射出的光的观点，支持光线进入眼睛形成视觉的正确观点。

进一步翻译阿拉伯和原始希腊著作的运动促进了中世纪欧洲的物理学进步。这段缓慢的发展延续到16、17世纪，其间自然哲学家逐渐背离亚里士多德式的物理，转向了之后构成物理学基础的定量分析与实验。

文艺复兴与众行星

进步大多发生在文艺复兴期间，即14世纪到17世纪，此时新文化、新艺术和新科学的思想在欧洲开花结果。尽管有学者认为没理由将这段时间单独分离出来，且其成因也有待讨论，但 5
这个时期确实诞生了全欧洲的重要人物，他们推动了欧洲的物理学和物理学方法的发展。

波兰数学家尼古拉斯·哥白尼是其中之一，他在天文学和宇宙学领域带来了一个重大突破，即哥白尼革命。托勒密早先根据天文数据构造了一个地球位于中心的宇宙模型，这个地心观念在一千多年里为人们所接受。但在1543年，哥白尼的《天球运行论》将太阳放到了中心位置。哥白尼根据这种日心说观念，正确地将当时观测到的行星按距离太阳的远近做了排列，但他坚守着柏拉图的理念，认为天体的轨道必须是完美的圆形。和托勒密一样，这使他不可能解释观测到的行星运动，除非在它们的轨道上做一些没有物理基础的笨拙而任意的调整。

修正这个问题的任务落到了德国天文学家约翰内斯·开普勒身上，他发现即便给圆形或鹅卵形的轨道做些修补，也无法复现所观测到的火星的运行方式，但椭圆形轨道可以。开普勒将自己的结果表述为三条行星运动定律：行星的轨道是椭圆，太阳偏离中心，位于椭圆的一个焦点处；连接行星与太阳的虚线在相同的时间内会扫过相同的面积；每个行星的轨道周期都遵守某个特定的关系，会随着它与太阳距离的增长而增长。例如，木星到太阳的距离是地球的5.2倍，绕轨一周要11.9年。

之后，伟大的英国科学家艾萨克·牛顿证明，这三条看似无关的定律都系出同源，也就是他的万有引力定律。但在牛顿建立万有引力定律和牛顿运动定律之前，还需要意大利科学家伽利略·伽利雷探索力学以及实验本身的基础。伽利略生于1564年（是年米开朗基罗去世），卒于1642年（是年牛顿出生），这段
6 时间正适合一个兼具艺术与音乐能力的博学之人，而他的研究方法塑造了物理学。

伽利略原本打算从事医学行业，结果却成为帕多瓦大学的数学教授，从1610年开始，他就在那里制作并使用天文望远镜了。他发现了木星的四个大卫星，观察到金星会像月亮那样呈现不同的相，这是支持太阳系日心说、反对地心说的强力证据。

1632年，他在《关于两个世界体系的对话》中为哥白尼体系做辩护，被宗教当局认为违反了教义。他受到审判与制裁，但依然开展巧妙的实验，推翻了亚里士多德关于落体运动的观点，让实证结果成为物理学的必备要素。

引力、光和牛顿

其他思想先驱，如17世纪法国哲学家勒内·笛卡尔，继续发展着关于运动的思想。笛卡尔的研究影响了17世纪的杰出人物艾萨克·牛顿——我们认为他是古今最伟大的科学家之一。牛顿小时候就组装过水钟之类的力学装置，之后在剑桥大学学习科学与数学。凭借这一背景，他的科学职业生涯在实验与理论两方面都展现出了强大的技能。

1678年，牛顿在其开天辟地的著作《自然哲学的数学原理》（通常简称为《原理》）中提出了他的三大运动定律，它们解释了一切相对论和量子力学出现前的动力学现象；他的万有引力定律则表明了如何计算任意两个物体间的引力（图1）。这个结果涵盖了开普勒的三定律，并能够像预测地面物体运动那样预测天体的运动。这条定律对初学物理的学生来说可谓非常简单，而它近乎完美地描述了天体的运动——直到1915年，阿尔伯特·爱因斯坦提出了广义相对论，才给出了更精确的预测。

牛顿也研究了光学和光的本质问题。1669年，他用一块曲面镜代替透镜，发明了一种改进的“反射”式望远镜。他的设计在专业天文学中依旧受到青睐，典型的例子有大型地基设备和美国国家航空航天局（NASA）的哈勃太空望远镜。

牛顿为了研究光，在1666年做了一个非常著名、看上去很

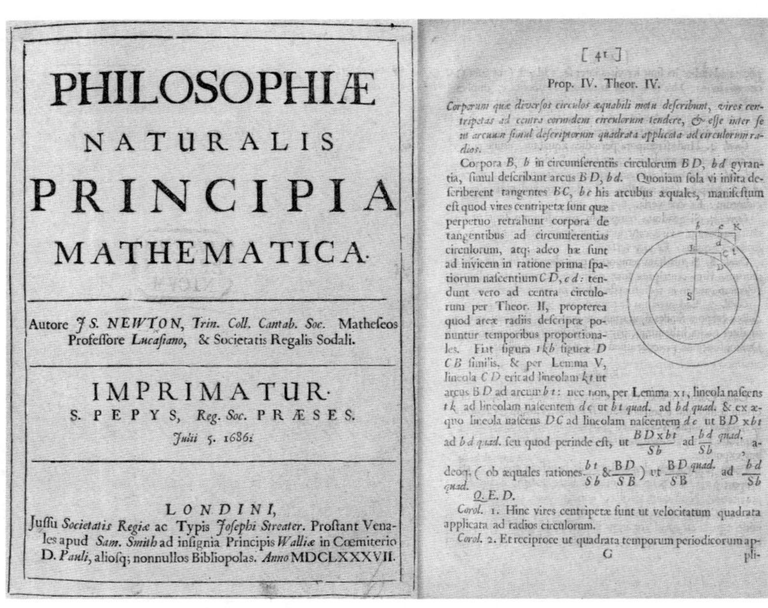

PHILOSOPHIÆ
NATURALIS
PRINCIPIA
MATHEMATICA.

Autore *JS. NEWTON*, *Trin. Coll. Cantab. Soc.* Matheſeos Profeſſore *Lucaſiano*, & Societatis Regalis Sodali.

IMPRIMATUR.
S. PEPYS, *Reg. Soc.* PRÆSES.
Julii 5. 1686.

LONDINI,
Juſſu *Societatis Regiæ* ac Typis *Joſephi Streater*. Proſtant Venales apud *Sam. Smith* ad inſignia Principis *Walliæ* in Cœmiterio D. *Pauli*, aliosq; nonnullos Bibliopolas. *Anno* MDCLXXXVII.

[41]

Prop. IV. Theor. IV.

Corporum quæ diverſos circulos æquabili motu deſcribunt, vires centripetas ad centra eorundem circulorum tendere, & eſſe inter ſe ut arcuum ſimul deſcriptorum quadrata applicata ad circulorum radios.

Corpora *B*, *b* in circumferentiis circulorum *BD*, *bd* gyrantia, ſimul deſcribant arcus *BD*, *bd*. Quoniam ſola vi inſita deſcriberent tangentes *BC*, *bc* his arcubus æquales, manifeſtum eſt quod vires centripetæ ſunt quæ perpetuo retrahunt corpora de tangentibus ad circumferentias circulorum, atq; adeo hæ ſunt ad invicem in ratione prima ſpatiorum naſcentium *CD*, *cd*: tendunt vero ad centra circulorum per Theor. II, propterea quod areæ radiis deſcriptæ ponuntur temporibus proportionales. Fiat figura *tkb* figuræ *DCB* ſimilis, & per Lemma V, lineola *CD* erit ad lineolam *kt* ut arcus *BD* ad arcum *bt*: nec non, per Lemma XI, lineola naſcens *tk* ad lineolam naſcentem *dc* ut *bt quad.* ad *bd quad.* & ex æquo lineola naſcens *DC* ad lineolam naſcentem *dc* ut *BD* x *bt* ad *bd quad.* ſeu quod perinde eſt, ut $\frac{BD \times bt}{Sb}$ ad $\frac{bd}{Sb}$ *quad.*, adeoq; (ob æquales rationes $\frac{bt}{Sb}$ & $\frac{BD}{SB}$) ut $\frac{BD}{SB}$ *quad.* ad $\frac{bd}{Sb}$ *quad.*

Q. E. D.

Corol. 1. Hinc vires centripetæ ſunt ut velocitatum quadrata applicata ad radios circulorum.

Corol. 2. Et reciproce ut quadrata temporum periodicorum appli-

G

图1　艾萨克·牛顿《原理》(1678) 的封面及内页

简单的实验：他把购于史托尔桥市集的玻璃棱镜挡在太阳光的光路中，由此造出了彩虹，将人们原以为是纯白色的光分解成了一道道彩色光。这些光经折射而通过不同的路径，牛顿称之为
8 “折射性”。按他的说法：

> 相同颜色的光总有相同程度的折射性，而相同程度的折射性总对应着相同颜色的光。折射程度最小的光倾向于呈现红色……折射程度最大的光倾向于呈现深紫色……

为确认这个观点，牛顿又做了另一个实验，将各种颜色的光重新合成白光。

牛顿关于光的研究是解释这种难以捉摸的自然元素的新尝试，因为光的本质构成和速度长久以来都是一个谜。古希腊人认为光以无穷大的速度传播，但1676年丹麦天文学家奥勒·雷默根据天文数据算出了一个有限的数值，与正确值30万千米每秒相差20%。不过，光还具有一个明显的矛盾之处。它会像海浪经过防波堤那样绕过障碍物，这表明它类似波；但光线又以直线传播，这表明它是粒子。主要也是因为这一点，牛顿才在其《光学》（1704）中将光描述为“微粒”，遵照力学原理发生折射。

牛顿的理论并非光学的定论；不过，按照科学史家J.L.海尔布伦的看法，牛顿结合了决定性的实验和严密的数学，“完成了科学螺旋式进展的一整圈……牛顿是科学革命界的拿破仑”，继伽利略之后定下了物理学现代方法的标准。

电与磁流体

自然哲学家在探索光的同时，还探索了电和磁，它们是自然
中另一块没有重量或“难以理解”的部分。早期希腊哲学家米
利都的泰勒斯显然知道磁石的磁性和摩擦后的琥珀的静电性质 9
（带负电的电子就以希腊语中的“琥珀”一词命名）。几百年后，
英国医生威廉·吉尔伯特和以彗星而闻名的英国天文学家埃德
蒙·哈雷研究了磁石和地球的磁性，牛顿也曾亲自向皇家学会
成员演示了静电。

18世纪见证了电学的巨大进步：使用莱顿瓶为新实验储存电荷（有这么一个有趣的演示，实验者让一列修道士手拉着手，然后向他们打出电火花，结果他们同时跳了起来）；美国政治家兼科学家本杰明·富兰克林将闪电与电联系起来，并主张电是

单独一种流体（另一些理论假设电包含两种流体）；亚历山德罗·伏特在1800年发明了“伏打电堆”或者说电池；还有电与生命相关联的惊人发现，那是1780年，意大利研究者路易吉·伽尔瓦尼发现电能使死蛙的腿抽搐（玛丽·雪莱在其1831年版的小说《弗兰肯斯坦》中将复生死物的机制称作“流电学”[①]）。

相互作用的时代

18世纪末，人们理解物理世界的程度又有了巨大的进展。牛顿力学描述了运动，他的微粒说解释了光的特性；人们还探索了电和磁，并建立理论，认为它们由无重量的流体负载；热学效应则被认为是热量引起的，热量是另一种无重量的流体，会从热的物体流向冷的物体。但这些思想中有不少都在19世纪被新的数据和理论推翻。

19世纪被称为“相互作用的时代”，各种思想汇聚一堂，形成了现在说的经典物理学，成为分析物理现象的统一方法。或
10 许这种连贯性也协助物理学成为一门有着良好定义的科学。其实践者也第一次被视为“物理学家”——这个称呼于1840年提出，而物理课程早已进入了中小学和大学。

经典物理包含新的电、磁、光的相互作用，但光本身还须更好地理解。尽管牛顿的微粒理论得到了广泛接受，但在1690年，荷兰科学家克里斯蒂安·惠更斯却提出光由波构成，在充斥于空间的“以太”中传播。19世纪初，英国博物学家兼医生托马斯·杨令人信服地证明了光是一种波。他让光穿过屏幕上的两

① 原文“galvanism”，衍生自伽尔瓦尼“Galvani”。——译注

个孔洞，得到了一幅明暗区域交替的图案，这只能由光波间的相长干涉和相消干涉产生。之后的结果证明了光波间的干涉可以产生直线光，从而推翻了牛顿对光波理论最主要的反驳。

然而，光波的本质还不为人知。线索出现在1831年，当时杰出的英国实验家迈克尔·法拉第证明了变化的磁场能诱生电流，这给电和磁带来了新的联系。然后在1865年，苏格兰数学物理学家詹姆斯·克拉克·麦克斯韦将法拉第的结论与其他电和磁的已知结果结合成一个整体，这便是电磁学。之后电磁学演变为四个名为麦克斯韦方程组的数学表达式，出人意料地证明了电磁波可以产生，并且它能以光速传播。实验证实光确实是电磁波，最终确定了光的真正本质。

这些结果排除了电流体和磁流体的观念，而19世纪的物理学家在思索“热是什么？”时，又废除了另一个重要的观点。1798年，美裔科学家本杰明·汤普森（即伦福德伯爵）发现，用力摩擦加农炮管能够产生大量热量。他由此得出结论：热“不可能具有物质实体”——这就排除了热质说，而必然与运动相关。他的猜测得到了证实。测量表明，定量的功总会产生定量的热，并为热的力学当量赋予一个数值。

热力学（也就是关于热、能量和功等物理学基础理论）的进一步发展始于法国工程师萨迪·卡诺。卡诺对蒸汽机的性能很感兴趣，1824年提出了任意热机最大效率的通用法则。他的分析引入了一个新的物理量——熵，用于测量任意热力学过程或热机中有多少热能不能用来做功。之后经其他研究者的努力研究，人们提出了强大的热力学三大定律，包括能量守恒、熵总是趋于增加等。后者表明，包括整个宇宙在内的任何系统最终都会崩坏。它也带来了“时间之箭”,即时间流动的单向指标。

能量守恒成了物理学的根本思想。认识到热与运动相关,并且尤其与分子运动相关,也非常重要,因为它将牛顿力学与热学行为联系了起来。若把气体分子视作一团微小的运动物质,就可以明显看出,系统的温度直接反映了这些分子的动能。这种气体分子运动理论由奥地利物理学家路德维希·玻尔兹曼开创,它提供了通向原子世界的新途径——这个世界在20世纪将接受彻底的考察。

有了这些新的普遍原理和理论,19世纪的物理学推翻了旧
12 时代除以太之外的一切重要概念。如果以太在承载着电磁波高速传播的同时又对行星运动没有任何阻力,那么它就会具有完全矛盾的性质,所以它的本质一直是个谜。

除此之外,经典物理学的解释能力可以说是威力巨大了。它也影响了当时的技术水平:继詹姆斯·瓦特在1781年改良蒸汽机之后,应用热物理进一步增强了这个动力之源对工业革命的效用;伦福德伯爵用自己关于热的知识发明了锅炉,将烹饪方式从使用明火升格为一门更精致的艺术;法拉第的工作则奠定了电机和发电机的基础。

20世纪的惊喜

有了这些成就,一些19世纪的物理学家觉得物理学本质上已经登峰造极了。1896年,后来在1907年成为美国第一位诺贝尔科学奖项得主的阿尔伯特·迈克尔逊写道:

> 尽管宣称物理学的未来已经没有奇迹还并不保险……

> 但大部分重要的基础原理或许已经是确立无误的了……未来的进展主要会是在一切引人注意的现象中找到这些原理的严格应用。

讽刺的是，迈克尔逊自己对光速的精确测量结果，连同19、20世纪交替之时的其他研究，在微观与宏观世界中发现了令人意想不到的物理。这些发现改变了经典物理学，使之成为如今所说的“现代”物理学，尽管它可以追溯到1900年到1930年代的研究。

一些新成果来自英国物理学家威廉·克鲁克斯在19世纪末发明的装置，即一根装有金属电极、部分抽真空的玻璃管。在 13
电极上施加高压电，就会在电极之间造成名为“阴极射线”的放电。1895年，德国物理学家威廉·伦琴发现克鲁克斯管也可以产生“X射线”，这是一种未知的不可见辐射，能够穿透固体，之后经确认是一种短波长的电磁波。

两年后，英国物理学家J.J.汤姆森发现阴极射线实际上是带负电荷的粒子流，这种粒子后来被称作电子，是人类发现的第一种基本粒子。随后在1911年，新西兰物理学家欧内斯特·卢瑟福证明了原子由电子环绕一个小核构成，而这个核在后来又发现由带正电荷的质子和电中性的中子构成。

当时还有另一项研究，1896年法国物理学家亨利·贝克勒尔、波裔法国研究者玛丽·斯可罗多夫斯卡·居里及其丈夫皮埃尔·居里开始探索放射性，即某些元素会自发辐射并改变自身的现象，如镭会变成铅。之后人们证明这些所谓的α、β和γ辐射分别是质子与中子结合的氦原子核、电子和波长比X射线还短的电磁辐射。

这个新发现的电子、原子核和原子的小世界，展现了人们意料之外的一个特点：它是量子化的，也就是说它涉及的能量都是特定的离散值，而不是连续的流。这个观点可能于1900年由德国物理学家马克斯·普朗克首次提出，为的是解决热源光特性中的异常表象。这个思想貌似很奇怪，连普朗克本人一开始都以怀疑的态度看待它，但事实证明它很可靠，而且的确是描述光
14 与物质的关键。

光是量子化的离散小能量包，后者被称为光子。按照爱因斯坦1905年给出的解释，光子的能量正比于光的频率，他以此说明光如何从特定的金属中打出电子。按照丹麦物理学家尼尔斯·玻尔在1913年针对氢原子提出的说法，在物质中，原子内电子的能级也是量子化的。光子的引入重启了光是粒子还是波的问题，而且量子力学还有许多别的显著矛盾；然而它和它的拓展形式——量子场论一起，在重要技术成果方面取得了巨大成功。

物理学家吸收了量子带来的新概念，而其他成果改变了我们对以太和宇宙的看法。1887年，迈克尔逊和爱德华·莫雷展开了一项精密实验，想找到光速的细微变化，从而确定地球是否在穿过以太运动，但他们没有找到这类运动的证据。这个令人困扰的结果在18年后由爱因斯坦的狭义相对论做出了解释。狭义相对论让空间和时间变得可变，并令光速相对任意运动着的观察者都具有相同的值，由此消除了19世纪最后的重要概念——以太。

1915年，爱因斯坦将理论拓展，创立了广义相对论，把引力描述为物质扭曲时空的结果（时空是宇宙的四维经纬），而不再是牛顿猜想的随距离变动的力。理论预测了光和行星在引力下

的特性，它们很快得到了实验验证。

除这些理论工具外，更进步的实验方法也提供了新的深刻
见解。1911年，荷兰研究者海克·卡末林·昂内斯发现，一些金
属在冷却到接近绝对零度时，会具备“超导性”，失去一切电阻。 15
1917年，当时世界上最大的反射式望远镜在加利福尼亚的威尔
逊山组装完成，美国天文学家爱德文·哈勃用它确定了宇宙的
大小（图2）。他发现仙女座星系位于一百万光年之外（之后修

图2　2.5米（100英寸）反射式望远镜，加利福尼亚威尔逊山，1917年

正为两百万光年；一光年是光在一年内传播的距离，大约是10^{13}千米）。对我们理解宇宙同等重要的是，他的数据证明了宇宙在膨胀——之前比利时司铎兼天文学家乔治·勒梅特就有过这个
16 想法。

在万物标尺的另一端，1932年美国物理学家欧内斯特·劳伦斯和M.斯坦利·利文斯通发明了回旋加速器。这个装置可以让亚原子粒子沿圆形轨道加速，直到它们达到很高的能量，足以探测原子核或是与之发生碰撞产生新粒子。而在1938年，另一种小尺度的自然探测器改变了物理学、第二次世界大战的进程和战后世界。德国化学家奥托·哈恩和弗里茨·施特拉斯曼用中子轰击铀原子之后，奥裔德国物理学家莉泽·迈特纳和她的表侄奥托·弗里希证明了这个过程会使原子核分裂或者说裂变成更小的碎片。核裂变会释放巨大的能量，很快，曼哈顿计划就利用这一点，制造了美国在1945年投向日本的两颗原子弹，就此终结了第二次世界大战。

物理学家的战争

那场战争给物理学家及其社会角色设立了新的方向。第一次世界大战是“化学家的战争”，因为它使用了毒气和高爆炸药；第二次世界大战是“物理学家的战争”，它使用的武器和技术如原子弹、雷达和纳粹的V2火箭等都以物理学为基础。在1945年战争结束后，这些武器和技术成为核电、太空飞行、激光等科学与民用副产品的起点。比起其他国家，美国相对而言没有遭受战争的损害，美国的政府和经济都有办法大力投资物理学及其应用。

物理学在其他国家也获得了支持，这是冷战双方出于国防
考虑的结果（冷战是1945年到1991年间，美国、苏联及两国盟友
之间暗中对抗的敌对时期）。在某些人看来，这造成了将物理学
运用于军事与民族主义的不良倾向，并催生了对物理学有害的
科学保密行为；对另一些人而言，政府拨款与学术研究和工业支 17
持相结合，物理学从中获益颇丰。

现在，随着冷战结束、全球经济和工业力量增长，物理学又回到了更早的国际化路线，不只在美国，也在整个欧洲和亚洲繁荣发展。各国除了本国独立的工作外，也有大型合作，例如在瑞士日内瓦附近的大型强子对撞机（LHC）上进行的粒子物理学研究，这台粒子加速器由多国组成的欧洲核子研究组织（CERN）运营（见图3）；又如国际空间站（ISS），它是美国与俄罗斯发射在近地轨道上的大型人造卫星，为诸多国家的空间科学和技术研究提供支持。

下一种相互作用

在如今的21世纪，由大型强子对撞机这类仪器以及理论进展得到的结果，为基础物理寻找另一种相互作用提供了新的助力。粒子物理数十年的实验和理论产生了以量子场论为基础的标准模型。它将所有已知的基本粒子分门别类，解释了从夸克到星系、令整个宇宙运作起来的四种基本作用力中三种的起源，这三种作用力是电磁相互作用、原子核中的弱相互作用与强相互作用。标准模型不包含引力，引力由广义相对论单独描述。

下一种希望很大的相互作用会将引力量子化，使之与其他相互作用调和到一个统一的框架内，从而构成一个万有理论，全

图3　法国、瑞士边境的大型强子对撞机高空俯视照片

方位描述一切尺度下的实体。弦理论是最主要的候选者，它用名为弦的微小一维物体取代了点状的基本粒子。但物理学家不清楚如何用实验验证这个理论，因为它需要比大型强子对撞机大得多、几乎不可能建成的粒子加速器。不过，面对没有任何
其他理论明确成功的情况，一些物理学家建议我们应该绕开实 18
验验证，只须接受弦论和“现实由多重宇宙组成”的相关观念即可——这是物理学几百年来运作方式的一次根本变化。

另一种可能方法是更积极地发展竞争方案，即圈量子引力（LQG），它被弦理论的光芒掩盖了。在圈量子引力中，空间和时间不是我们现在认为的那种平滑的连续介质，而是量化成了离散的单位。最近的研究表明，圈量子引力和弦理论存在某些联系。其结果也许可以让我们无须放弃实验验证这一核心思想。

未来的物理学史在回顾我们这个时代时，可能会把这个世纪看作寻求统一的万有理论的世纪，其间，我们不是保留、扩展
了业已建立的物理学方法，就是将物理学推向了新的方向。 20

第二章

物理学包括什么，不包括什么

在网上或词典中查找“物理学”这个词，你可能会看到一条类似这样的定义：“物理学是针对物质、能量和二者相互作用的研究。”这条定义非常紧凑且看似清晰，但实则并非如此，因为“物质”和“能量”恐怕比你想的更难定义，所以要先对它们做出精确的说明，才能定义物理学本身。此外，物理学是一门不断铺展的动态科学，其基本定义需要扩大范围，使之能够真正反映物理学究竟是什么。

物质与能量

不过，这个定义有一个大的好处：它完全是广义的。因为从物理学的角度看，物质和能量存在于空间和时间中，代表了宇宙整体。值得强调的是，这个定义由此表明了物理学把实在当作纯物质来处理。物质和能量与“思维”和“灵魂”这类实体不同，它们可以直接由观察者感知、探测，进行客观测量。一些哲学家则持有二元观点，认为宇宙包含物质和非物质两种事物。

柏拉图认为灵魂可以从一个躯体移入另一个躯体；笛卡尔主张物质及其空间延展和思维不同，思维是非空间的，有思考能力。实践式的物理学则明确地不遵循任何二元论。 21

但是，只提及物质和能量的定义很难告诉我们物理学有怎样的结构，还有它如何运作。与之相对的是，物理学可以通过尺度来定义和描述，也就是根据尺度大小处理宇宙的不同方面；或是通过力学、核物理这样的子领域来定义；或是通过研究方法；或是通过目的，即它是“纯”物理还是“应用”物理；或是通过实际的运作，表明它随时间的发展。不过，它们依旧取决于物质和能量这两个中心概念。

关于物质

物质的经典定义是：物质占有空间，具有质量。这个性质似乎是不言自明的，但空间和质量自有其复杂之处。牛顿在《原理》中定义了一个“本质与任何外部无关，始终保持相似且不可移动”的“绝对空间”，和一个“本质上均匀流逝，与任何外部无关”的“绝对、真实、数学的时间”，以作为其力学和引力理论的基础。爱因斯坦的相对论打破了这种观点，它证明空间和时间不是分开的，而是联系在一起构成“时空”，是一个四维的实体。此外，他的理论预测时空不是固定不变或者说绝对的，而是会通过“长度收缩”和“时间膨胀”等效应改变（以不同的速度运动的观察者会看到此类效应），这些都已由实验验证。

狭义相对论也让“质量”这个概念更复杂了。它预言（并得到实验验证）静止的观察者看到的运动物体的质量会随物体的速度增加而增加。只有所谓的静止质量才会保持不变——它由位于该物体上的观察者测量。而且，即使物体的运动速度很慢，不足以带来相对论效应，我们仍有不同的方法来定义质量。物体的惯性质量代表它对于力引起的加速度的抵抗程度，这就是
22 推动一台熄火的大汽车比推动一辆小车更难的原因；而物体的引力质量决定了它与其他物体间引力的强度（测量证明两种质量相等——因此所有物体都以同样的加速度下落，这是广义相对论的一个重要结论）。

我们对物质的看法也变了。物质的经典定义以三种不同的宏观状态为特征：固态，保持固定的形状和体积，除非故意使之变形；液态，其形状与容器相同；气态，能够充满整个容器。三种形态在我们的星球上都有，也遍布宇宙。

1879年，人们命名了第四种态——“辐射物质”，由威廉·克鲁克斯首次在其发明的克鲁克斯管中发现。他看到的是等离子体，这是一种炽热的气体，其中原子都电离成单独的带正电的原子核与带负电的电子（此时，空气被高电压激发）。除了由闪电生成外，热等离子体在地球上并不多见，但我们可以在霓虹灯和等离子电视中人为地制造它们。不过，它们却遍布整个宇宙，处于太阳这类活跃的恒星之中：这些恒星能产生非常炽热的等离子体。

到20世纪初，物理学已经可以用质子、中子、电子组成的原子，以及这些原子的排布形式来解释这四种物质状态了。如今我们则找到了质子和中子的组分——夸克，还有其他基本粒子，比如给予了某些基本粒子质量的希格斯玻色子等，它们让我们对物质本质的理解又进了一步。我们也找到了其他物质状态，如玻色-爱因斯坦凝聚态，这是一团极冷的、具有共同量子态的

原子；又如某些由中子构成的死亡恒星的致密核；还有暗物质，它是一种不可见的实体，构成了大部分宇宙，但我们对其本质还一无所知。

关于能量

能量和物质一样也有多种含义：在物理中，它是做功的能力，也就是让力推或拉一段距离的能力。试想这样一场意外：汽车A与汽车B相撞了。对汽车B金属壳的碰撞或者说施力，随着力运动一段距离对B做功而将其压扁。这份功来自A携带的动能，即运动的能量。任何运动的物体都有动能：抛出去的棒球、气体中的分子、电线中移动的电子，都是如此。这个概念也可以延伸到不涉及质量的物体的运动。“辐射能量”由光等电磁波携带。它们对电子之类的带电粒子施力，使之运动，由此做功。

更宽泛的定义带来了势能的概念，它是通过改变系统构型而储存在其中的功。例如，将一块大石头从地面抬到悬崖顶端需要做功。如果石头从崖边跌落，这份功就会变为动能；若它砸坏了崖底的什么建筑，就会再转变为功。势能也储存在原子间的化学键和原子核中。根据爱因斯坦的公式$E = mc^2$（其中c是光速），原子核的势能释放时，质量（m）将转变为大量的能量（E）。能量还有一种形式是暗能量，发现于1998年。它似乎遍布太空，并加速了宇宙的膨胀。

尺度很重要

物理学有一个还原论性质的目的，就是找到实体的最终构建单位，由它可以一直组合成宇宙的最大结构。这背后反映了

24 惊人的尺度范围。质子、中子、电子等基本粒子非常小，可以当成数学上的点处理。原子大一些，但依然很小，直径一般小于1纳米（1纳米是十亿分之一米，即10^{-9}米）。在尺度的另一端，巨大的宇宙结构要用光年来测量。我们银河系的直径是10万光年。

从夸克到原子再到星系，宇宙的组分跨越了许多数量级（图4）。物理学家梦想着一个万有理论，能够解释所有尺度的实体。但由于它还不存在，人们便提出不同的方法来应对这样大的尺度范围，将其分为三块互有重叠的部分：微小或者说微观到亚微观——基本粒子、原子和分子；中等或者说介观，从人类到行星范围；大型或者说宏观，包括恒星、星系、整个宇宙及其时空。

早期的自然哲学家能观察并在一定程度上操控中等尺度的物理现象。此外，尽管他们不能到达天体，但可以在中大尺度上观察它们。然而，由于没有合适的仪器，他们无法查看亚微观的事物。几个世纪之后，人们有了更先进的技术，但它们大多也只在中大尺度上生效，如望远镜增强了天文观测效果，牛顿用玻璃棱镜检验了光，法拉第用电池和导线探索了电磁现象，卡诺通过蒸汽机深入研究了热现象，等等。

这些工作带来了经典物理学，它可以解释日常现象和地球内与地球表面的一些大尺度现象，解释海洋、大气，以及天体活动。牛顿的力学和引力学既解释了行星轨道，也解释了潮汐；爱尔兰物理学家约翰·丁达尔和之后英国物理学家瑞利勋爵的工
25 作证明了阳光中短波长的蓝光会优先散射在地球大气中，使天空显现为蓝色；英国地震学家理查德·迪克森·奥尔德姆分析了机械地震波，以此检验地球的内部结构。

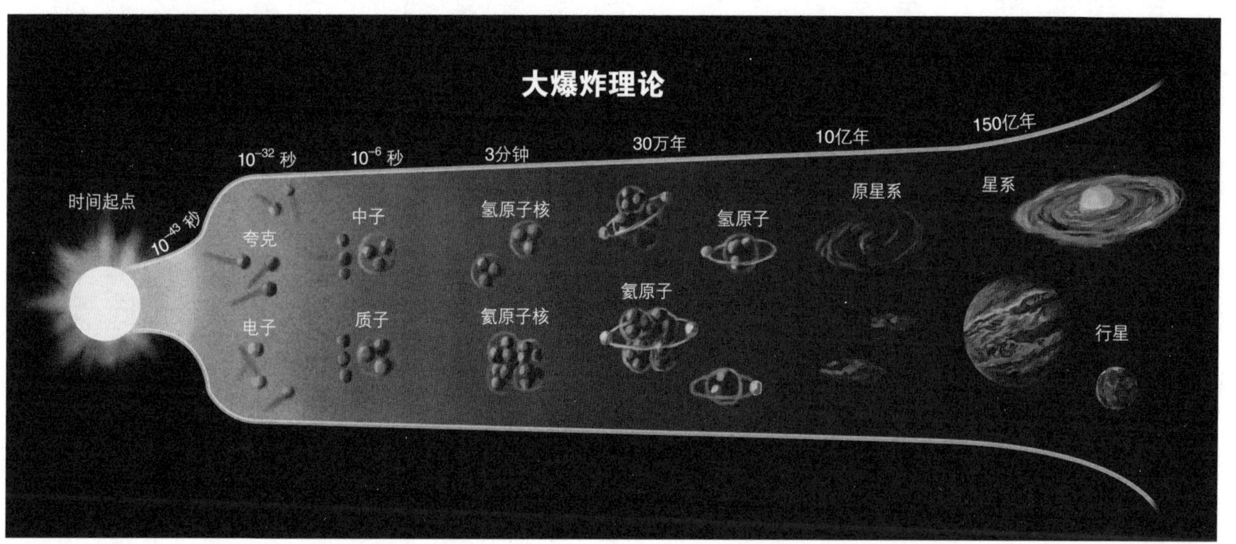

图4　从夸克、电子到宇宙当前尺度的演变

最小尺度领域内的进展则慢上许多。德谟克利特在公元前465年提出了原子论，认为物质由细小坚硬、持续运动的不可分粒子构成。但探索原子和亚原子世界的突破却来得太晚。16世纪末发明的光学显微镜看不到原子，它受限于可见光的波长，分辨率只有200纳米，远大于原子。1912年，英国物理学家威廉·劳伦斯·布拉格和威廉·亨利·布拉格父子展示了X射线与晶体中原子的相互作用后，偏斜形成给出原子位置的图样，因此获得了诺贝尔奖。X射线散射能非常有效地反映无机物和生物材料中的原子和分子排列。1952年，英国物理化学家罗莎琳德·富兰克林用X射线检验脱氧核糖核酸（DNA），其成果令詹姆斯·沃森、弗朗西斯·克里克和莫里斯·威尔金斯建立了DNA的双螺旋结构。

接下来的进展是1920年代发明的电子显微镜，它利用了电子在波动方面的量子力学性质；然后是1981年的扫面隧道显微镜，它也利用了量子力学效应，并为其发明者赢得了诺贝尔奖。如今，它们和其他技术一道让分辨率达到了几分之一纳米，可与氢原子的大小比拟。这类非光学的显微镜通常用于拍摄或操作单个原子，这些原子一般位于材料表面。

亚原子层面则要仰赖粒子加速器的发展。加速器给电子和质子加速，直到它们的能量足以击破原子核，使之按组分分裂，或是与之碰撞后生成其他基本粒子。自1932年桌面回旋加速器
27 发明以来，这些加速器在规模和功率上已经变得非常巨大，从两座发现了不同夸克的机器便可以看出：一座是斯坦福大学的斯坦福直线加速器，全长3.2千米；一座是费米国家加速器实验室的万亿伏特粒子加速器，呈圆形，周长6.9千米。而加速器的巅

峰则是2012年发现了希格斯玻色子的大型强子对撞机（见图3）。

与这些实验工具一道，量子理论及其拓展——量子场论也在1900年代到1940年代逐渐发展。理论与实验结合的产物是标准模型。量子理论也成功地描述了单个原子和排列在大块物质中的原子。

宏观世界也需要自己的仪器。在1610年伽利略用一架小望远镜观测天空之前，天文学家一直靠肉眼观察。从1917年威尔逊山使用2.5米直径镜片的望远镜（见图2）开始，我们如今已经有了镜片直径长达10.4米的望远镜。19世纪时，人们给望远镜添加了分光仪，将宇宙光线分为不同波长的组分，从此望远镜成为分析工具。这是天体物理学的肇始，因为恒星等天体的光谱能告诉我们它们的原子组成和运动方式。

随着太空旅行时代的到来，天体物理学和行星科学进入了新阶段。空间技术将NASA的哈勃望远镜、欧洲航天局（ESA）的普朗克卫星等设备送入太空轨道，让它们可以免受地球大气的干扰，采集从伽马射线到可见光、再到微波的图像与光谱。我们还能拍到天体的特写，甚至直接对其采样。NASA在1969年将人送上月球，让他们带着月壤返回；之后又发射火星车以检验火星土壤是否有水的蛛丝马迹，因为水被认为对生命是必需的。ESA在2005年向土星的卫星泰坦表面发射了一架探测器，又在
2014年首次将一台着陆器发射到一颗彗星表面。 28

对于空间科学和我们太阳系内外的天文现象，我们都需要相对论来描述以光速或近乎光速运动的物体和形成了宇宙结构的引力。广义相对论还预言了黑洞，这是由极度致密的物质创造的空间区域，其引力非常强大，无论物质还是光都无法从中逃

脱。广义相对论与量子物理、核物理和基本粒子物理一样，都是理解宇宙及其恒星发展，探测黑洞、暗物质和暗能量的必要理论。

在研究小尺度和大尺度事物上，物理学创造了一种动态的理论叙事，将一者转变为另一者，而这就是宇宙的历史（见图4）。当前的理论并不能回到138亿年前宇宙大爆炸的创生之时，只能从创生后的10^{-43}秒时开始，此时宇宙首次形成了能量和基本粒子。这个理论追溯了许多细节，以及这些细节如何演变成我们今天所见的宇宙，又推断了宇宙是否会在几十亿年后终结、如何终结。

通过这类大尺度来看待物理学，我们看到空间和时间的科学也如宇宙般浩瀚。尺度类别也与物理学的亚领域发展相关，其中一些领域可追溯到几百年前，另一些则比较新，指引着研究者探究更细小范围下的本质。

物理学的细分

希腊自然哲学家希望知道关于自然的一切。亚里士多德的“物理学”就包含了生物学。这让那些早期成果具备了一种统一感，但随着文艺复兴结束，人们积累了更多的科学知识，自然研究也分成了一个个专门的方向，变成了现代物理学、化学和生物
29 学等。最终，科学分化为一个个子领域，它们各自取决于其研究的尺度和研究方法。

在物理学中，那些在人类层面可以触及和体验的自然现象率先得到发展，即力、热、声、光、电和磁，它们构成了19世纪的经典物理学。如今这门已经确立的科学仍然非常重要，因为它精

确地描述了我们身边的大部分现象，比如相较光速以较慢速度移动的常规物体。以经典物理学为基础的研究继续深入堂奥，比如，混沌理论证明了遵循经典力学的系统根据初始条件可以产生意想不到的特性。应用物理学也有类似的例子。

经典物理学依然牢牢扎根于物理教育之中。它向学生介绍物质、能量、力等概念，帮助他们在应对现代物理学抽象的数学理论前建立起物理直觉。典型的本科物理课程包含经典力学、热学、电磁学，然后是相对论、量子力学、数学与计算方法和实验技术。这给学生选择未来道路提供了背景，他们可以就业或读研，可以选择做理论或是做实验，可以研究纯物理也可以研究应用物理。

经典物理学兴起之后的领域是最活跃的竞技场，人们在已知物理的边界展开研究、提出问题。小尺度方面，它们包括核物理与粒子物理、凝聚态物理（即固体和液体），还有依旧成谜的光的量子性质。它们都需要特别的实验条件，如粒子加速器、接近绝对零度的温度、特殊的激光等；它们也都需要用量子力学来
解释实验结果、形成新想法。大尺度方面，这类研究领域有天文 30
学、天体物理学和宇宙学——它们是人类最古老的一类科学兴趣点，但如今已经在新的望远镜和人类进入太空的加持下，在以相对论、量子物理、核物理与粒子物理为理论支撑的背景下，发生了巨大的变化。

理论、实验，不止于此

物理学的每个子领域都有采集数据的物理学家，以及构建理论、解释实验结果的物理学家。理论和实验是推动物理学发

展的两大基础，缺一不可，若没有长足的发展，两者都不会兴起。在实验诞生之前，人们只是观察自然活动，比如天体的运动。他们将观察记录下来、编纂成册，这些观察就变成了可以分析的数据集。托勒密就是这么做的，尽管他的地心模型错了。

新仪器扩大并加强了观测数据的范围与精度。甚至在望远镜发明之前，16世纪的丹麦天文学家第谷·布拉赫就用本质上是巨型量角器的仪器精确测量了许多天体的角位置。这些数据让布拉赫的助手约翰内斯·开普勒得出了他的行星运动三定律。之后，望远镜带来了更好的观测与新发现。天王星很难用肉眼看到，但德裔英国天文学家威廉·赫歇尔用望远镜在1781年观测到了它；海王星也无法用肉眼看到，它是1846年通过望远镜确认的。

观测科学取自然本貌，记录所见的一切。实验则更进一步，它将自然现象孤立出来并加以操控，因此可以更细致地检验。阿拉伯科学家伊本·海赛姆（又见于第一章和第三章）为了验证他对于光的想法，将两盏灯以不同高度挂在一间暗室之外，并在暗室的墙上挖了一个洞。间歇性遮挡灯光，他看到光斑在墙
31 上相应地消失、重现，还注意到每盏灯的光斑都可以沿一条直线穿过墙洞回到灯的位置。这个实验有力地证实了视觉源自光源发射的光，而不是靠人眼发光，还证实了光沿直线传播。

1638年，伽利略进一步扩大了哥白尼引起的科学革命，他用行动表明，依据数学分析做实验是非常重要的。他在《关于两门新科学的对话》中反驳了亚里士多德“重物下落速度更快”的断言。伽利略用了个巧妙的间接方法，因为即使他如传闻所说，在比萨斜塔上扔下了两个物体，它们也会因为下落速度过快而无

法用有效的时钟来计时。其实，他记录的是铜球在斜坡上滚下的时间，这个速度比自由落体慢多了。伽利略的分析证明，球依靠重力下滚的加速度都相同，与球的重量无关。他又论证说，自由落体的物体也同样如此，因为这相当于在90度的斜面上运动。

几十年后，艾萨克·牛顿进一步阐述了伽利略的方法。他在《原理》中表达了自己的信念：自然哲学应当结合数据与数学来解释自然。他借助伽利略和笛卡尔关于运动物体的早期结果，并以几何与他发明的微积分（也由德国数学家、哲学家戈特弗里德·莱布尼茨独立发明）为强力工具，得到了力学的关键原理。他的运动三定律（最有名的是$F = ma$，即力 = 质量 × 加速度）和万有引力定律是第一批全面解释了地球和天空大部分自然特性的理论（见图1）。

牛顿之后，理论物理学不断发展成为物理学中的一个特别
领域，19世纪的苏格兰物理学家詹姆斯·克拉克·麦克斯韦等 32
研究者就专门研究理论物理学。一次，他利用数学分析与物理直觉证明了土星环不是整块固体，而必然是由引力聚集在一起的独立成分，之后的观测证实了这一点。他最大的成果也是由数学技巧得到的，即基于实验结果的统一的电磁学，它还带来了一个意外收获——证明了光是一种电磁波。

进入20世纪后，理论与实验的互补关系便展现得淋漓尽致。1900年，在巴黎举行的第一届国际物理学大会有800多人出席，理论家和实验家都作了奠基式发言。1911年，由实业家欧内斯特·索尔维赞助的第一届索尔维大会邀请了顶尖物理学家一同讨论当时重大的科学问题，出席的理论和实验物理学家数量旗鼓相当（但性别不均等，居里夫人是二十四名受邀者中唯一

的女性）。

观察、实验和理论的共生关系延续至今，但如今的物理学家很少能像伽利略和牛顿那样实验和理论俱佳。现代实验与理论的广度和复杂程度迫使物理学家取其一端，而且现在的物理学家还可以做计算物理学。计算机自兴起之时就对物理学大有作用（它对一切科学都如此），可以记录、加工数据，解决数学问题。这在计算物理学中就是那些正确描述实际物理体系，但难以用常规数学方法求解的方程。通常这是因为系统为非线性，或是有很多参数，广义相对论、流体和凝聚态物理中的方程就是如此。

此时，用计算机得到精确解，就相当于在做数值模型或系统
33 模拟。我们可以改变模拟参数，看看数学预测的结果是什么，之后再用实验验证；模拟也可以取代物理上不可能实现的近距离观察。这样的事情在2015年做过一次，当时激光干涉引力波天文台（以下简称LIGO）第一次探测到了引力波。这证实了爱因斯坦一个世纪前在广义相对论中做出的预言：引力由时空涟漪传递，以光速传播。人们用计算机模拟了黑洞的行为，确认探测到的信号来自两个14亿光年外的黑洞的碰撞。

计算物理学或被认为是理论物理的分支，或被认为是理论和实验之外的“第三条道路”。还有更具争议的说法，有些理论家认为“计算机实验”可以取代真实世界的实验。无论如何，这一领域的影响与日俱增。

物理学的另一个变化是研究呈现去中心化的趋势。尽管一些大型物理项目都在CERN这样的机构展开，但其他项目则在全球形成网络，由紧密合作的物理学家通过电脑和互联网相连，

LIGO就是这么做的。网络工具也允许每个人（不论他是不是物理学家）参与高级研究。CERN的“志愿者计算”网站就称自己提供了“让你直接参与前沿科学研究的绝佳机会”，它能让每个人用自己的电脑协助分析大型强子对撞机的数据——成千上万人的合力是一项可观的资源。NASA的“市民科学家”网站让我们在2004年NASA星尘任务期间参与检查外太空气凝胶物质的图像，找出其中的星际尘埃颗粒；牛津大学的“宇宙动物园”计划中，有一项是让我们根据形状给哈勃望远镜拍到的星系分类。 34

纯物理与应用物理的比较

希腊自然哲学家更喜欢用理论分析自然，而不是用实验探索自然，他们也不怎么运用自己的知识发明可供人们实际使用的装置。18、19世纪的工业革命改变了这一切，其间实用机械与加工从物理知识中受益颇丰。

起初还没有企业实验室运用物理学原理改善加工过程或发明新产品。不过，物理学研究迅速结出了改变社会、促成新产业的成果。其中包括：研究绝热气体的热力学以制造低温，这在19世纪末产生了冷冻技术；塞缪尔·F.B.莫尔斯利用电学和电磁学，在1844年发明了电报；亚历山大·格拉汉姆·贝尔在1876年发明了电话；伽利尔摩·马可尼在1901年发射了跨大西洋的无线电；还有许许多多的发明家，他们的成果使得电子管电视在1926年诞生。

如今，许多企业都依赖着应用物理学和以之为基础的工程学。政府资助的例子有NASA、ESA的太空探索等国家级项目，美国等国家的核武器研发，探测土地面积、海洋与大气的卫星等。

在商业方面，物理学原理带来了许多关键设备和体系，如计
算机芯片、激光、雷达、核磁共振成像等，处于数字电子、光增幅
的光子技术和医疗与消费技术等高科技领域的核心。凝聚态物
35 理和材料物理等学科研究的是半导体等技术意义重大的材料，
为减少基础物理学与器件工程的隔阂发挥了重要作用。2013和
2014年美国授予物理学博士最多的子领域就是凝聚态物理，它
与材料物理等应用子领域共占总数的40%。

其他物理学家则秉持希腊哲学家的精神探索宇宙，目的只在于理解自然。这与实现企业目标的工业物理研究不同，属于大学或CERN、LIGO等机构开展的非商业研究。大学里的研究者和国家级、国际级实验室接受政府资助，其中一些数额巨大，用于奇特的设备，如基本粒子加速器、天体物理研究用的望远镜、探索太阳系内外的太空飞船等（在美国，SpaceX等公司正将政府参与的空间技术私有化）。理论研究不需要高花费的实验设备，但一般需要很强的计算能力，这是它自身的成本。

尽管“纯”物理和“应用”物理有明显的区别，但它们以意想不到的方式相连。宇宙开始于“大爆炸”的一个根本证据是宇宙微波背景，这是一种源自早期宇宙的电磁波，充满整个宇宙。它们是通过商用设备意外发现的，而民用和军用空间卫星的全球定位系统则使用了广义相对论这个纯物理理论来精确标定地球表面的实时位置。

物理学就是物理学家所做之事

另一种定义物理学的方法，或至少取其在某一时期之全貌
36 的方法，是看看它的实践者实际在做什么。不论怎样根据思想

和实践来定义物理学，它都是一门活的科学，是由给定时期内让物理学家感兴趣并参与其中的事物来定义的。

但什么样的人是物理学家？或者说，物理学家都是做什么的人？尽管这个名称可以追溯到19世纪，但它仍有许多定义。要从事某些与物理相关的工作，本科或硕士学位就足够了，但要主导高层次研究或执教大学级别的物理课，就必须有博士学位。其他标准包括在物理期刊上发表文章，或隶属于某个物理学会。最后一项代表了职业贡献，具有国际分量，因为大多数发达国家都有这样的组织，如美国物理学会、会员约5万人的英国物理学会、德国物理学会（拥有62 000名会员，全世界最大）等。以此为标准，近期一项预估数据表明，全世界有40万～100万名物理学家，而1900年大约有1 100名。

我们可以比较一下现在的和当时的物理学家做的事情。1900年第一届国际物理学大会上，60%的与会者拥有教职，包括大学职位和研究所职位；20%为企业工作；还有20%为政府工作。在2014—2016年间，据不同的统计结果显示，美国物理学家依然有多达20%为政府工作，但从事学术的比例降至不到33%，差别就在于剩下的人如今在私人公司做研发。

物理学研究也发生了变化。1900年大会的主要讨论和撰文涉及经典力学、电磁学、光与光学、热力学以及新发现的放射性，还有几篇讨论固体性质等主题的论文。量子力学和相对论还没
有发表，会上没有多少大尺度范围的内容报道；归入所谓“宇宙 37
物理学”的论文大多谈的是地球和太阳的现象。

如今，根据美国物理学会不同研究部门的成员来判断，大约20%的物理学家在核物理与基本粒子物理等小尺度的方面，

以及天体物理与引力物理等大尺度的方面做着前沿的纯物理研究。这些领域正是20世纪初诞生的。最大的单独领域是凝聚态物理，拥有12%的成员，其中与材料物理重叠的占总数的6%。物质研究早已不是1900年的小角色，它现在是基础研究和纳米技术等实际应用的重要部分。还有很多物理学家从事原子物理、分子物理、光学和激光物理等领域的研究。即使是这些与1900年大会的主题重叠的领域，也已经被量子理论转化过了。

物理学与生活

审视物理学的不同定义，可以看出科学的各个方面及其变化，但它们仍然囊括在“对物质、能量及其相互作用的研究”这个一般定义之中。但物理学整体其实已经超越了这个范围（尤其是最近），《牛津英语词典》对它的定义为：“研究不由化学和生物学解决的非生物和能量的本质与性质的科学分支。”这个定义并不完整，因为物理学研究生物系统已经很长时间了，对化学系统也一样。

生物物理学在1900年的物理学大会上就有了（会上有五场这个学科的演讲），并且可以至少追溯到18世纪路易吉·伽尔瓦尼称为“生物电”的工作。生物物理学的定义为探索“生命
38 有机体生存、适应、生长的物理原理与机制”的研究，应用于从分子、细胞到整个有机体和生态系统的各级生命体。如今它是一个多学科领域，与分子生物学、计算生物学交叉，并有自己的专业学会和期刊。化学物理学也有很长的历史。它是从构成化学系统的原子的角度来研究该体系的学科，在1900年就已经被视为一个专门的研究领域，之后成为美国物理学会的一个部门，有

专门的期刊。

这两门混合领域表明了物理学在处理物质和能量时的通用性，可以与其他学科配合，从而拓展了物理学的定义和影响。我们不仅有生物物理学和化学物理学，还有天体物理学，它运用物理原理解释天文观测结果、探测天体的本质；还有地球物理学，运用物理原理来解释地球的结构以及海洋和大气的行为，并运用到其他行星的研究中；还有环境物理学、医学物理学；等等。

根据物理学的发展情况，一百年来它的子领域和伴随学科或许看起来也不一样了，甚至于需要从根本上重新定义它。如果弦论之类的理论能将标准模型和广义相对论成功结合，那这将会是物理学迄今为止最了不起的关联；如果这些方法都没有效果，那我们要么放弃万有理论（不过物理学还是会继续发展下去），要么在物理学中掀起巨变，前无古人地选择绕过实验验证。

不论结果如何，物理学目前的状态都取决于过去物理学家所做的实验和提出的理论——它们相互影响，直到敲定一个坚
实的理论，也取决于他们今后如何继续这么做。 39

第三章

物理学的运作

物理学经历几百年，尤其是近两百年的发展，从自然哲学演变至今，其情形足以令人称羡。如今它已坚实地建立在经典物理之上，能准确地描述我们身边和相对不远的世界（也就是宇宙中等尺度范围）的大部分现象；它也建立在现代物理学，即量子力学和相对论之上，二者多描述宇宙中远在人类触及范围之外的大小尺度内的事物。

进展中的学科

这些成就并不意味物理学已经停滞了。现在的物理学家不会像19世纪末的一些人那样，认为“对于自然，我们已经知道了需要知道的一切”，或“不可能再做出新发现了”。或许，物理学家就是从那之后学到了教训。现在，他们觉得物理学仍然缺乏重要的结论，因为无法解释的现象、新的研究工具、自己的远大期望（尤其是万有理论的问题）等等，仍在增长。

尚未完成的工作包括：标准模型——能解释基本粒子的大

部分内容，忽略了引力；量子理论——效果很好，但我们并没有完全理解它的奇怪特征；量子引力理论的发展。此外还有很多 40
其他问题，比如暗能量和暗物质的本质。而即便是普通物质，我们仍有尚不清楚的地方。这些问题维持了物理学的活力，使之富于挑战。

物理学是怎么达到这种程度的？物理学家之前、现在是怎么提出理论的？——这里的理论包括旧的错误理论，当前我们认为正确或近乎正确的理论，还有尚待验证的理论。其他物理学家之前、现在如何决定要做什么实验来证明或证伪某个理论，或者提示新理论呢？还有，我们怎么知道理论和实验是“正确的”？物理学家是否会无意或故意提出完全错误的、误导的或曲解的思想和数据？

最重要的是，物理学方程的两端——理论和实验，要怎样结合在一起得出真理，或者说物理学范围内的“真理”？还有实际的物理研究是怎么做的，谁在做，而谁又为此买单？简而言之，物理学是怎样运作的？

基本信条

答案很复杂。物理学的内容和知识风貌都随着时间改变了，而且每位研究者选择和钻研问题的方式都不一样。自经典物理学兴起甚至更早之时，一些广泛概括性的原理就已经应用于理论和实验了。

其中有两条隐含的原理，或者更准确地说，是两条隐含的哲学态度：我们可以通过理性理解自然；原因产生结果。物理学通常遵循苏格兰哲学家大卫·休谟在1738年提出的因果规

则："因果关系必须在时间和空间上连续……原因必须先于结
41 果……相同的原因总会产生相同的结果，相同的结果绝不会由不同的原因产生"，但事情并非总是如此，比如在牛顿的引力理论中，物体会影响其他非临近的物体。这些规则也可以人为规定。相对论禁止超光速通信的一个理由，就是那样会使结果先于原因产生，使时间旅行成为可能。

还有一条准则在选择理论时很有用。奥卡姆剃刀得名于13—14世纪的英国哲学家奥卡姆的威廉，说的是在竞品猜想中应该选择最简单、假设最少的那一个。简单性除了美学吸引力外，还有更深层的价值：理论总是可以为了迎合数据而变得复杂，比如托勒密的地心说模型就是如此；但如果把一个理论抽丝剥茧至其最本质的部分，而它仍能做出明确的预测，那么这样的理论就能经受更严格的检验。

第三个要素，用诺贝尔奖得主尤金·维格纳的话来说，指的是对"数学不合理的有效性"的信念。从早期数学应用到如今复杂的数学化理论，我们看到表面上抽象的数学原理会以某种方式映射到现实世界中，并能可靠地描述、预测现实的现象，而这些现象往往超出了数学最初的范围。维格纳注意到"数学在自然科学中的巨大作用是某种近乎神秘的东西"，但这种无法解释的实用性对物理学至关重要。

物理学更特别的是普遍的守恒定律，即一些性质在孤立的物理系统中不会随时间变化。除质能守恒外，其他守恒量还有线动量，即系统中每个组分（如两个相撞的台球）的质量和速度的乘积；角动量，用于公转行星这样的旋转系统；还有电荷。基
42 本粒子的不同性质也守恒。这些定律是绝对的，构成了物理学

中的一些重大真理。违反它们的理论或实验结果会被拒绝，除非它能找到一个漏洞，使它只是表面上违反，这可以在量子层面上发生。

动　机

在这些通用指导准则中，除了科学上的好奇外，特定的动机也会带来新理论和新实验。理论家的一个目标是将一套数据与一种理论结合，使理论能够准确描述和预测自然的某些运作方式。麦克斯韦整理电磁学，许多理论家共同建立了量子物理和标准模型等都是例子。其他目标还有改进或拓展旧理论，哥白尼用太阳代替地球作为宇宙的中心即为一例。

当既有的理论无法重复数据，如马克斯·普朗克必须发明量子来解释热源的电磁辐射图谱，或理论方法引发了内部问题、明显走到尽头时，就会催生关键动机。

实验家同样兴趣各异。一些人专注于精确测量重要的物理量，比如亚伯拉罕·迈克尔逊测量光速；另一些人设计实验来检验已有的思想，如伊本·海赛姆那个判定光来源于人眼还是外源的实验。有些人在启发下观察或做实验以验证（或证伪）新理论，这不总是那么容易。验证爱因斯坦的广义相对论动用了一整个科学考察团，而验证某些量子效应则需要无比细致的实验。

物理发现中最难料到的是偶然性的作用，除了运气，实验
者还必须保持机敏与好奇，能够注意到异常并追踪下去。幸运 43
的是，1895年的X射线和1964年的宇宙微波背景就是这样被发现的。偶然性在理论工作中也会出现。1961年，美国气象学家埃德温·洛伦茨注意到，在用计算机生成天气预报时，如果用

0.506代替0.506 127作为变量的初值，那么就会彻底改变两个月的模拟天气。这便是洛伦茨对混沌理论的首创之功。混沌理论研究的是动态特性强烈依赖初始条件的系统，洛伦茨将其概括为“蝴蝶效应”，即蝴蝶轻轻地扇动一下翅膀，最终可能会造成飓风。

实验变得重要

随着物理学的发展，理论和实验的关系也发生了改变。亚里士多德等早期自然哲学家主张的真实世界的猜想，或许适合他们总体的知识框架，但没有数据作为依据。在物理学之后的历史中不断有新理论提出，它们的有效性不只建立在断言抑或数学一致性之上：人们希望它们能整理或解释已知的数据，并做出能够用实验验证的预测。

实验方法一经建立，就会采取不同的形式。有些突破只来自一两个研究者，如物理学早期有伽利略的力学、牛顿的光学；19世纪有托马斯·杨、迈克尔逊和莫雷；20世纪则有不少，如美国物理学家西奥多·梅曼，他在1960年发明了第一台实用激光器。在1900年的第一届国际物理学大会上，每场实验演讲都是一位作者，只有极少数有两位（包括一场皮埃尔·居里和玛丽·居里的讲话）。这种用“桌面”设备的小规模实验延续了下
44 来：例如，2010年的诺贝尔物理学奖就颁给了曼彻斯特大学的两位研究员，他们因石墨烯（一种二维的碳）的工作而获奖。

其他实验则可能由多达千人的物理学家团队进行，他们或是在既定的设施内，或是通过互联网保持国际联络；他们使用加速器、引力波探测器等大型仪器，其建造、运行的费用就要几十

亿美元。这些“大物理”研究与桌面研究一部分由政府实验室资助，一部分由NASA、美国国防部和美国国家科学基金会之类的政府机构通过资助学术研究人员完成。各国政府不一定将物理学视为基础知识的关键学科，但它们看到了物理学在支持消费、医疗技术、军事运用等应用中的重要作用，可以借此促进经济增长、提高公民福祉、加强国家安全。

桌面物理和大物理的界限并非固定不变。我本人是实验家，要做的事情既包括和不多的学生、同事使用实验室大小的激光器和光谱仪，也包括在大型设施中做的其他工作，例如在新墨西哥州的洛斯阿拉莫斯国家实验室，或者在纽约长岛的布鲁克海文国家实验室——我的研究要用到那里的同步加速器，那是一个周长将近一千米的高功率环状光源。

相比之下，理论家对实体设施和研究团队没有需求，他们几乎可以全凭自己就提出思想或整套理论。电磁理论、相对论、量子理论、弦理论或者说它们的思想萌芽的提出者，只须自己思考或与同事交谈，能够获得数据、获知其他理论，精通数学，再加上纸笔或（之后的）计算器和计算机就够了。随后，其他理论家可
能会完善、扩展最初的思想，而实验家则会加以验证。 45

如今，实验家和理论家组成混合小组，在国家实验室和大学等地方的研究中心合作。例如，麻省理工学院物理系的核物理与粒子物理研究就包括26位实验家和20位理论家。这也鼓励了研究者在正式的物理会议和研究出版物之外随时开展富有创意的思想交流。收集数据、弄明白其含义可能需要许多年时间和许多研究者的努力，之后其成果才能成为确定的物理知识，标准模型就是这么建立的。

理论家和实验家会使用不同的技巧。所有物理学家都需要数学能力，但理论家必须掌握更深层次的数学工具；爱因斯坦需要高度抽象的数学来发展广义相对论。实验家可以使用激光器等商业化设备，但是对于新的实验，他们必须知道如何设计仪器，而且常常需要自己搭建专用的设备（例如CERN探测基本粒子的大型设施），还必须知道如何分析数据、判断数据的可靠程度。不过，两类物理学家都会运用相近的个人创造力、想象力和物理直觉来选择和追踪重大的研究问题。

这些能力在本科学习期间或许就会显露出来，但坚定地选择从事的理论或实验、磨炼专业知识和物理直觉，则要在研究生工作阶段确定。获得学士学位后，想要从事原创研究的物理学家还得在导师的指导下，再用平均六年的时间完成博士论文，获得学位。之后，他们通常会找一个研究小组做博士后，然后再独立工作。

在美国，2012年有近1 800人获得物理学博士学位，成为合
46 格的研究者。一百多年里这个数字一直呈现增长趋势，也包含了越来越多的国际申请者和女性。19、20世纪参与物理学研究的女性屈指可数：早期有玛丽·居里，理论家艾米·诺特和天文学家亨丽埃塔·莱维特，更近一些的后继者有天文学家乔瑟琳·贝尔和已故的薇拉·鲁宾，还有已故的凝聚态物理学家米莉·德雷斯尔豪斯等。即使到了1983年，也只有7%的美国物理学博士学位授予了女性。截至2012年，这个比例增长到近三倍，达到20%，所以女性物理学家在21世纪仍然是少数群体无疑，但她们也是个正在增长的少数群体（就在本世纪，加拿大激光物理学家唐娜·斯特里克兰分享了2018年的诺贝尔物理学奖）。

研究物理学发展高潮的案例，可以体会到实验家与理论家、实验与理论的相互影响。这些案例从艰难的数据分析、意外的发现、灵光乍现等方面，展现了两个领域如何产生，现在又如何以不同的方式相互影响。

用影子和木杆测量地球

大约在公元前240年，学者兼数学家、著名的亚历山大图书馆的馆长埃拉托色尼将自然哲学扩展到物理测量领域，获得了一个早期的地球物理学结果——地球周长。他注意到，在埃及赛伊尼（现阿斯旺市）的夏至日，一个望向深井的人，其阴影会挡住井水反射的阳光，这说明阳光正好直射他的头顶。而同一天的同一时刻，在赛伊尼北方远处的亚历山大城，他测量了一根垂直木杆在阳光下的阴影长度，发现太阳偏离了垂直方向7.2度，也就是正圆360度的1/50（图5）。因此，两城的距离就是地球周长的1/50，而这个距离是已知的。

埃拉托色尼做了一番数学计算，其周长结果（将他采用的单位转换为现代单位时存在的不确定性已考虑在内）非常接近正确值40 000千米。这次对实际测量的首次尝试，说明了细致观察、实验数据及其分析的强大作用，也说明了根本假设很重要。毕竟，埃拉托色尼必须以地球是圆的为前提。

数据、建模与引力理论1.0版

托勒密、哥白尼和开普勒创建的天文模型也取决于天文观测的数据和构建于模型内部的假设。公元2世纪的托勒密模型纳入了天体沿完美圆环绕地球旋转的观点。为了让模型与所有

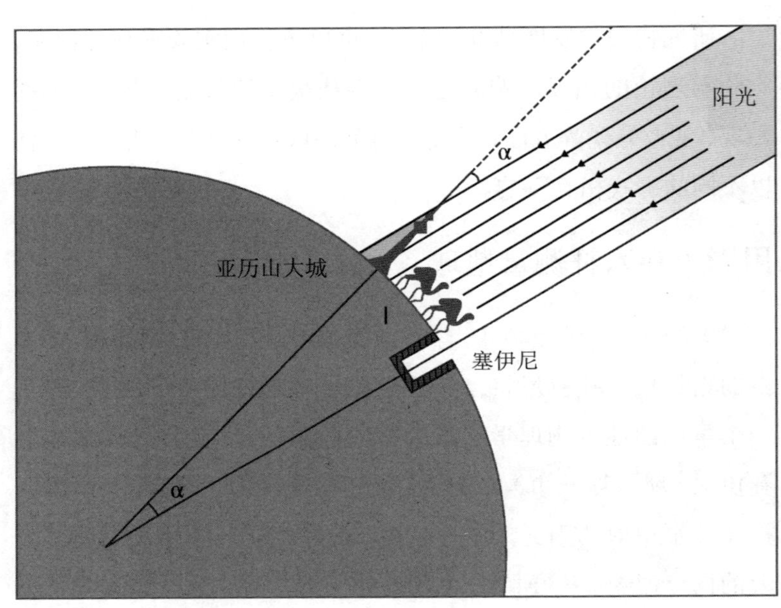

图5　希腊学者埃拉托色尼测定地球周长，约公元前240年

48 观察到的行星行为吻合（比如逆行——星体在某些时候明显的向后运动），模型假定每颗行星都在一个名为本轮的小圆中移动，而本轮的中心则沿一个名为均轮的大圆绕地球移动，地球不再位于诸天的绝对中心。

此后一千多年，托勒密模型一直是预测天文运动的标准，直到哥白尼1543年做出改动，将太阳（而不再是地球）置于宇宙的中心。这样，逆行运动就可以简洁地解释为由地球相对其他行星的运动引发的现象，并将行星按到太阳的距离正确排序。但这个模型依旧将行星轨道视为圆形，所以它仍然需要本轮，而且精度也并不比托勒密模型更高。此后，开普勒给出了最后的调整。他根据第谷·布拉赫对火星位置的准确的观测数据，做了几百页手算，然后得出结论：行星沿椭圆轨道运动，并遵循着另外两条行星运动定律。

之后，牛顿将这三条定律与一个物理原因联系起来，改变了物理学。他的万有引力理论用一个吸引力公式总结了开普勒的结论，这个吸引力存在于太阳和行星（或任意两个物体）之间，沿它们的连线方向并与二者间距的平方成反比。这种简化符合牛顿本人对奥卡姆剃刀的改述：“足以正确解释自然现象之外的原因，我们都不应接受。”

牛顿的理论准确描述了行星运动，但也需要在实验室接受检验。第一次检验由英国物理学家亨利·卡文迪许在1797年做出。他的设计很巧妙：在一根大约2米长的细杆两端各放一小块铅，细杆本身则用金属线吊起来。他在细杆两侧靠近铅块的地方各放了一块158千克重的铅（图6）。和牛顿预言的一样，大小铅 49

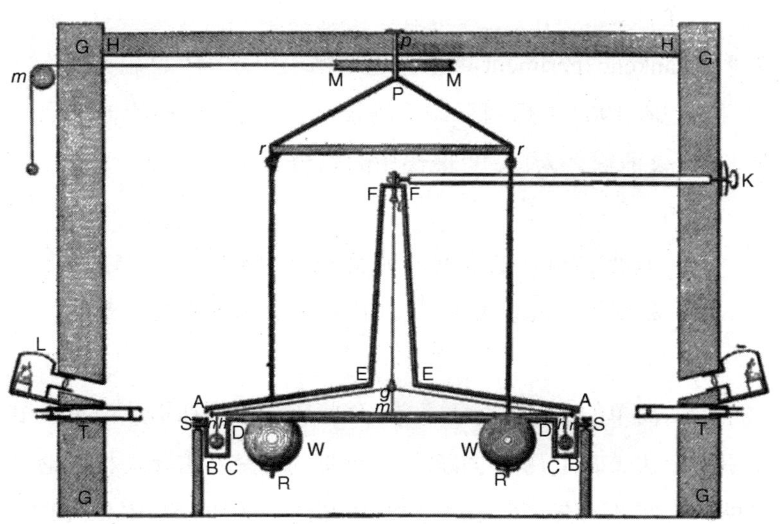

图6 亨利·卡文迪许在1797年测量引力效应，验证了牛顿的理论

块间的引力产生了回转力，使杆扭转，直到金属线施加相等且相反的扭力。卡文迪许由此发现了物体之间的引力，并测定了牛顿理论中的引力常数G的值，它与现代测量值相差不到1%。

思想实验与引力理论2.0版

这似乎终结了天体运动理论的探索，但牛顿的方法有其问题。尽管在他的机械宇宙观中，把引力当成一种力是自然而然的概念，但这带来了一个麻烦的问题——“超距作用”，即物体在没有实体接触的情况下以某种方式相互影响，这是一种不连续的因果关系。牛顿自己对此就不满意。另一个问题是，牛顿理论中的引力效应会在物体间瞬间传递，但狭义相对论禁止超光速传播。

阿尔伯特·爱因斯坦用另一种方式看待引力，在1915年解决了这个问题。他的广义相对论源于其别具一格的方法，被称为“Gedankenexperiment”（在其母语德语中意为“思想实验”）。他说自己在1907年想到了一个场景，这个场景最初让他大吃一惊，而后来他称之为自己“最快乐的思想”：

> 我坐在伯尔尼专利局的椅子上，脑中突然闪过一个念头：如果一个人自由下落，那他就感觉不到自己的重量。

这个看似简单的见解实际上非常深刻，因为爱因斯坦从中推断出了引力取决于时空几何学的观点，这里的时空是由狭义相对论得到的四维实体。在广义相对论中，恒星这类大质量物体会扭曲时空，将物体在完全真空中运动的直线路径变成行星轨道运动等引力效果。美国理论家约翰·惠勒以一句精辟的格言概括了这一点:“时空告诉物质如何运动,物质告诉时空如何弯曲。”

在英国天体物理学家亚瑟·爱丁顿组织考察团去往非洲附近的普林西比岛,格林威治天文台派人到巴西观测1919年的日全食后,这一理论得到了证实。爱因斯坦之前预言,遥远恒星的光在太阳这类大质量物体附近会发生一定的偏离,而日全食的短暂黑暗给了人们验证这个预言的机会。观测结果在媒体上引起了巨大轰动,爱因斯坦就此举世闻名。

其他实验证实了时间流动在引力场中会像理论预言那样改变。广义相对论还解释了水星轨道与理论的差异,还有人在1916年用它预言了黑洞可能存在,后来我们真的发现了黑洞。它的最后一个主要预测,是黑洞碰撞这类涉及大质量物体的宇宙事件会产生以光速传播的引力波,这在2015年由LIGO证实。 51

这些巨大的成功是否表明牛顿理论错了呢?没有。对于速度远低于光速或不太靠近恒星的物体来说,牛顿理论作为广义相对论的极限情况还是非常有效的,而且数学上很简单。广义相对论之所以被称为最美的物理学理论,在于引力来自宇宙经纬——时空这个优雅的观点。但理论本身使用了十个复杂的非线性方程,只有用计算机才能完全解决,虽然概念上满足奥卡姆剃刀的需求,但数学上却并不简单。它还有更严重的问题,即它的几何本质使它不同于标准模型等其他物理学理论,这也是难以将二者结合的原因之一。

小尺度的意外发现

人们检视大量数据,不断改进理论,才在漫长的探索之后得到了引力理论。物理学的其他一些重要发现却与此相反，它们是出人意料得到的。如果研究自然的方法缺少了好奇心，没有贯彻科学思维，那么这些发现可能就不会受到重视。这便是法国伟大的生物学家兼化学家路易斯·巴斯德在1854年所说的，“在观察的领域，机遇只会留给有准备的人”。

伦琴在1895年发现X射线就是一例，他因此获得了诺贝尔奖。他注意到，只要打开实验室里的克鲁克斯管，即使管身盖着不透明材料，3米外的荧光屏也会发光。伦琴发现，引起发光的不是阴极射线，而是一种类型不明的穿透辐射，后来证明它是波长非常短的电磁波。有张早期的X射线照片展示了伦琴妻子的
52 手骨，这个惊人结果很快就用于医学成像（图7）。

伦琴这场引发轰动的意外又引出了另一场意外。法国物理学家亨利·贝克勒尔一直在研究会发出磷光的铀化合物，他提出理论，认为它们可能会吸收阳光，然后发射X射线。1896年，他将这种化合物和一些照相底片放在一个黑暗的抽屉里，之后，他惊讶地发现底片在没有光源的情况下曝光了。后续研究表明，铀化合物和纯铀会完全自发地发射X射线等辐射。贝克勒尔就此发现了放射性，他与继续这项研究的玛丽·居里和皮埃尔·居里共同获得了1903年的诺贝尔物理学奖。

大尺度的意外发现和宇宙起源

与这些小尺度的意外发现相比，下面两个宇宙大尺度的意外发现也不遑多让。有意思的是，二者都出自新泽西州霍姆德尔市贝尔电话实验室的工程项目，它们有着商业目的，而非研究。

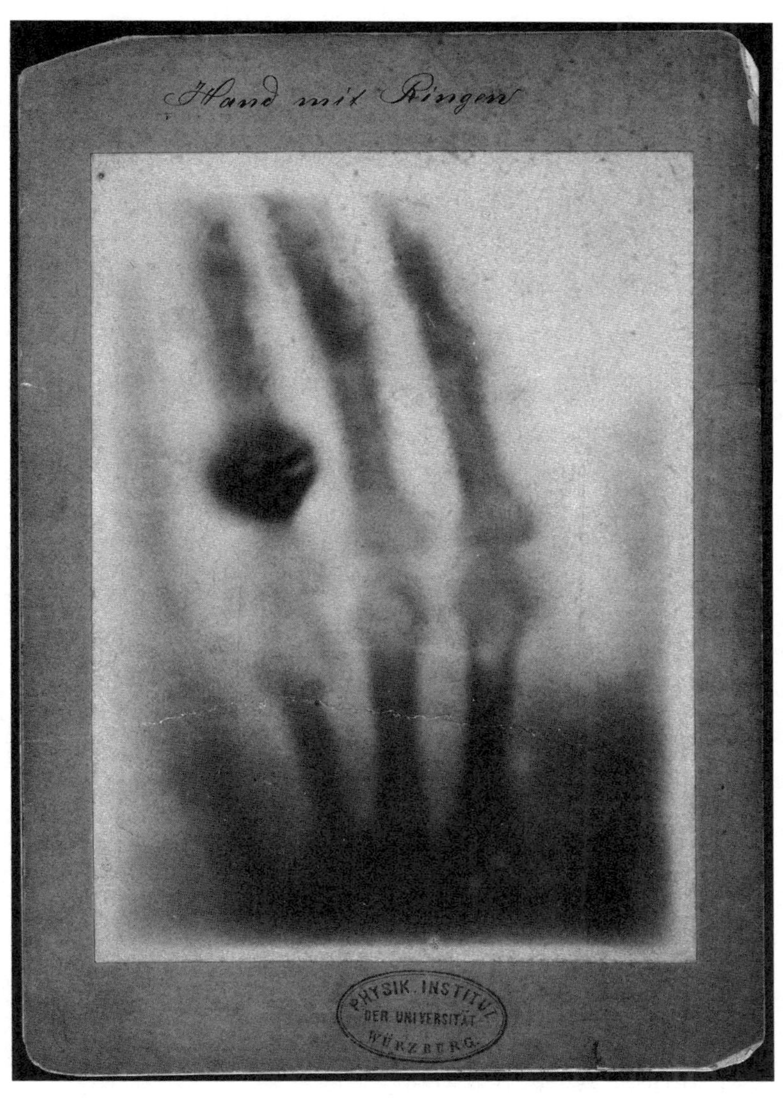

图7　1895年发现X射线后不久,威廉·伦琴展示了其妻子手骨的照片　　53

1928年，隶属贝尔实验室的美国物理学家卡尔·詹斯基正在寻找某个静电源，它可能干扰了新建的跨大西洋无线电电话服务。设在霍姆德尔的天线检测到雷暴产生的静电，也记录了一个来源不明的信号。他朝不同方向跟踪信号，推断信号来自银河系中心附近。他在1933年发表的第一篇地外无线电信号论文《明显的地外电子干扰》受到了广泛关注。贝尔实验室拒绝了他为进一步研究而建造更大的抛物面天线的申请，否则这就会是第一个射电天文观测台了，不过射电天文学还是走向了蓬勃发展。

三十年后，贝尔实验室的射电天文学家亚诺·彭齐亚斯和罗伯特·威尔逊在詹斯基的天线附近有了另一个偶然发现。
54 1964年，他们用一根高6米的喇叭天线探测太空中的无线电波。这架天线最初是为检测通信卫星的信号而建造的，却意外地发现了波长7.35厘米的微波信号。这些信号不是来自已知的地外信源或临近的纽约市等地面信源，也不是天线上的鸽子粪造成的假信号。它们是真实的信号，无论两人将天线对准天空的哪个方向，信号都无处不在且毫无变化，这事需要解释。

由于埃德温·哈勃1929年的观测，人们已经知道宇宙在膨胀，此时关于它的起源有两个不同的观点。其一是静态理论，认为宇宙会不断产生新的物质，从而在膨胀中保持整体同质且不变。其二是大爆炸理论，认为宇宙从单一的、温度极高的点膨胀到当前的状态。彭齐亚斯和威尔逊发现，美国物理学家罗伯特·迪克曾计算过，大爆炸会留下充满太空的电磁波，即宇宙微波背景。这种宇宙中最古老的辐射是一种黑体辐射。

任何温度高于绝对零度的物体，其振动的原子都会发出黑体辐射，辐射的强度和光谱取决于温度。太阳发出的黑体辐射约为5 800开尔文（5 500摄氏度），其中大部分辐射的波长处于我们能看到的400 ～ 750纳米波段。迪克预言，太空中将充满微波黑体辐射，起源温度约为3开尔文（零下270摄氏度，几近绝对零度），这是宇宙从几十亿度冷却下来后的温度。把彭齐亚斯和威尔逊最初测量的结果拓展到整个微波范围后，数据正好符合理论上2.7开尔文的黑体辐射。这一惊人的吻合是如今我们接受的理论——大爆炸理论的有力证据。 55

激进的量子理论

在彭齐亚斯和威尔逊之前很久，19世纪末的物理学家就尝试提出了黑体辐射的经典物理理论，但他们努力的结果与实验光谱不符。德国物理学家马克斯·普朗克为这个问题绞尽脑汁，最后引入了一个新观点：他假设产生辐射的振动物体的总能量由许多极小且独立的能量单位组成。普朗克由此得到了1900年发表的那个新公式。它完美契合实验数据，也一直用于包括宇宙微波背景在内的黑体辐射计算。

普朗克认为自己的假设只是一个数学技巧，但设想出单独的能量包，也就是量子，确实很有远见。这位“勉强的革命者”（科学史学家海尔格·克拉格对他的评价）没有完全理解它的意义，但为量子力学——关于小尺度的理论以及20世纪掀起大风大浪的两大物理理论之一——奠定了根基。几乎没有一个同行看出了它的影响，直到1911年召开索尔维会议时（主题为“论辐射理论与量子”），量子理论才受到广泛关注。

不过爱因斯坦很早就接受了量子理论。1905年，他自创了

量子化光能量包的概念（后来被称为光子），解释了光电效应
（指入射光会从金属板中打出电子的现象），并因此获得了诺贝
尔奖。这带来了令人费解的量子波粒二象性：光既表现为波，又
表现为粒子似的光子。1924年，法国理论家路易斯·德布罗意
猜测物质也同样有二象性。很快，隶属贝尔实验室的美国实验
物理学家克林顿·戴维逊和雷斯特·革末就证明了电子会像波
56 一样在晶体中被原子散射。1928年，其他实验证明了光与电子
的相互作用就像一个台球撞在另一个台球上，进一步证实了光
子的实在性。看来，光和物质都既是波也是粒子。

同时，理论家进一步发展着量子物理和物质的波动性质。1926年，奥地利理论家埃尔温·薛定谔得到了描述量子系统的方程。薛定谔方程用不同于牛顿定律 $F = ma$ 的方式，描述了“物质波”在能量恒定下的运动。由它得到一个数学上的“波函数”，从中可以算出量子物体（如原子中的电子）的位置、能量等任何性质。但我们只能得到它们的概率。比如说，我们不可能将电子放在空间中的某个确定点，而只能给出一系列可能的位置。

我们知识体系里的这种“模糊性”也体现在不确定性原理中。这条原理由德国物理学家维尔纳·海森堡于1927年提出，它说的是，在量子世界中，我们不可能同时绝对精确地知道某些量，比如电子的位置和动量。爱因斯坦不满意这种模糊性，他相信自然具有潜在的决定性。量子理论的其他方面也依旧让人费解，但这个理论非常有效。到1930年代，薛定谔方程已经成功地解释了原子、金属和半导体的性质，其中半导体奠定了数字电子学和计算机时代的基础。

但是薛定谔方程并不完善，因为它忽略了相对论。1928年，英国理论家保罗·狄拉克得出了一个新的方程，它结合了量子理论和狭义相对论，可以描述以接近光速运动的电子。方程给出了一个出乎意料的结果，暗示每个基本粒子（如电子）都存在一个除电荷相反外，所有性质都相同的“反粒子”。狄拉克的惊 57
人预言在1932年得到了证实：人们发现了正电子，它是电子的反粒子。之后又发现了其他反粒子，现在我们知道反物质是宇宙的一部分。物质和反物质在相遇时会瞬间湮灭成能量，但是这种爆发并不常见，因为宇宙中的反物质很少。

狄拉克还第一个迈向了电磁学（包含相对论）的量子场论，探讨以光速运动的光子。经过众多贡献者大量的后续努力，1948年，美国理论家理查德·费曼、朱利安·施温格和日本理论家朝永振一郎终于提出了量子电动力学，即电磁学的量子理论。它展示了光和物质如何通过交换光子发生相互作用，并在数字上非常精准地预测了氢原子的能级，因此得到了证实。

量子电动力学解释了宇宙四种基本力中的电磁力。后续工作表明，其他三种力中的两种也来自基本粒子的交换。将夸克结合在一起形成质子和中子，再将质子和中子结合成原子核的强核力来自一种名为胶子的无质量粒子的交换。中子、电子等粒子在交换三类玻色子W^+、W^-和Z中的任何一种时，会产生弱核力，引起放射性衰变。（如今，电磁力和弱核力是统一的“弱电”力的两方面。）

经过20世纪中叶的诸多努力，这些成果演变为标准模型，让所有已知的基本粒子各归其类（图8）。除光子、胶子、W^+玻色子、W^-玻色子和Z玻色子（传递力的五个所谓“规范”玻色

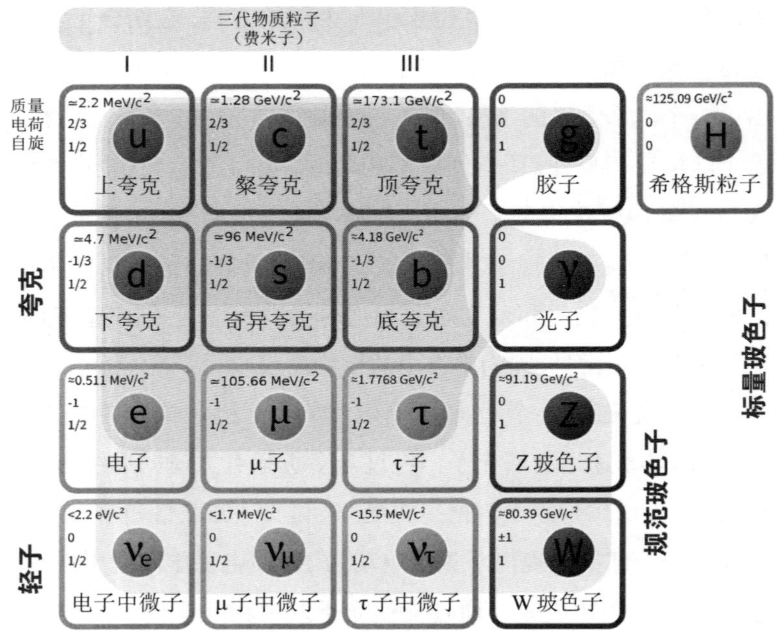

图8 众多物理学家共同努力得到的标准模型，它是基本粒子的量子场论

子）外，这个模型还纳入了构成物质的六种夸克和六种轻子。理
58 论也得到了实验验证，它预测的粒子一个个都被探测到了；1968年发现了前两种夸克，之后是其余四种夸克和其他基本粒子，最后是2012年发现的希格斯玻色子（也叫作“标量玻色子”）。

弦论与多重宇宙

标准模型是现代物理学的胜利，但它并不完善。它不能预测基本粒子的所有性质，也不包含暗物质。最遗憾的是，它目前不可能与广义相对论结合，纳入引力。量子世界是不连续的，而广义相对论的时空是平滑的，很难想象它会具有不连续的性质。59
每种理论都在自己的舞台上有效，它们并不能简单地合并成一门单独的量子引力理论。

有人认为，打破僵局的方法是弦论。弦论做了几十年的理论工作，其中心思想是以名为弦的一维实体取代基本粒子是点状物质的公认观点。弦就像吉他弦一样，能以不同模式振动，每种模式对应一种已知的基本粒子，它还引入了一种全新的粒子——引力子。光子、胶子、W玻色子和Z玻色子各赋予万物一种基本作用力，引力子与它们类似，是赋予引力的假想粒子。这就使弦论成为人们长期以来寻求的量子引力理论，也是万有理论的备选。

引力子天然地出现在弦论之中，这点让人非常满意，但这个理论也有问题。它尚未得出可以检验的预测，而且很难甚至不可能用实验验证。最核心的弦的长度极小，只有10^{-35}米，我们想不到任何观测它的手段。弦论还需要四维以上的时空——多达十一维，其中七维隐藏，它们因“紧致”、卷曲变得非常小，无法用一般经验和我们掌握的任何实验分辨。

弦论还有结构复杂的问题。理论中的额外维度可以用多达10^{500}种不同的方式来配置，它们对应着具有不同物理性质的宇宙，这些宇宙构成了所谓的“多重宇宙”。但我们非常不确定能否观测到这些假设的宇宙，而且它们的多样性会使我们无法做出明确的预测。美国理论家保罗·斯坦哈特把多重宇宙叫作“任有理论”（“Theory of Anything”），认为它没有什么价值，因为它既“不能排除任何可能性”，也“不会被任何真伪检验
证伪”。60

因为弦论家建立的数学结构似乎不太可能用实验证实，所以许多物理学家都不认可弦论。但弦论的支持者认为它可能是正确的。他们认为，我们应当接受弦论而不需要实验验证。物理哲学家理查德·戴维德提出，物理学家应当考虑进入“后经验科学”时代了。其他如理论家乔治·埃利斯、天体物理学家乔·希尔等人，则觉得这种想法会对物理的完整性带来极大危害；德国理论家兼博客作者萨宾·霍森费尔德则写道，“后经验科学”的概念在表达上就自相矛盾。不过，圈量子引力论采用时空量子化而不是假设弦存在的方式，给出了另一种方法，它还推断，测量空间中的量子效应或许会催生新数据。

人的因素

物理学家对弦论价值几何持有不同意见，这件事背后有着重要的意义。它提醒我们，物理学是靠人完成的，个人的素质、各自的方法与每个人的科学见解息息相关。尽管他们都接受过训练（任何人类活动都一样），但物理研究者依然容易犯错，还会受到科学动机和个人动机的鼓动——对成功与认可的渴望，“抢先”竞争对手或证明自己的想法正确的强烈冲动，对晋升、学术任期和科研经费的需求（这些都不容易获得），等等。

个人动机通常会增强良好研究所必需的动力和责任感，但如果这些动机压倒了合理的判断，导向糟糕、误导甚至欺诈的工作，那么物理学就要像一般的科学一样，需要自我纠正。不论过去还是现在，无法验证的结果都应当被同行评议或其他研究者指出。1989年疑似观察到的冷核聚变就是研究出错的一个例
61 子，它指的是氢原子核在常温下结合产生能量，而我们知道这必

须在几亿度高温下才能实现——这个错误很快就被揭露了，表明物理学在必要时可以自我修复。

除客观的科学素质外，主观动机也会影响物理学家选择研究的问题。英国理论家罗杰·彭罗斯曾写道，每个时代都有“时兴的”物理学，专注于一种方法来研究某个问题，但没有恰当地评判它是否有效。他说，这在过去发生过——托勒密模型得到广泛接受，现在弦论也是如此，这种“浪潮”效应可能使研究者担心，如果不跟随这股潮流，他们就会被边缘化。

改变物理学的运作方式？

理论正确与否不由少数服从多数决定，也不由参与研究的人数决定，而取决于它是否符合实验结果，这种方法始于伽利略用力学实验证明经验数据的重要性。在将近400年的时间里，它一直是个成功的模型，但量子引力遇到的困难使一些人开始质疑经验方法。我们或许会迎来一个关键时刻，但我们应当记住，物理学经受了相对论和量子物理两场革命，变得更加强大了。无论量子引力和万有理论是否永远遥不可及，不论答案最终是否会出现，对它们的探索都会加深我们对自然的理解。

无论如何，如今物理学的许多部分都在以不同的方式运作。这些工作没有专注于解释宇宙的一般理论，而是拓展到各类应用和相关的科学领域，既成功地探索着宇宙，又深刻地影响了我们的生活。 62

第四章

物理学的应用与扩展

前文提到，物理学就是物理学家做的事情。按照这一标准，用思想带来了物理学的希腊自然哲学家，可能会对今天一些物理学家所做的工作及其对物理学的意义感到惊讶。我之前引用的数据表明，除了20%的研究者在研究量子理论和相对论等纯物理外，许多物理学家都在工业与应用物理学，或是在天体物理学、地球物理学等跨学科领域中工作。

之所以会有这些联系，是因为能量、量子力学等基础物理学概念和理论在科学中有广泛的应用，并且是技术及其工业用途的基础。医学物理学和环境物理学等伙伴领域尤其突出的一点是，它们以纯物理学不具备的方式直接影响着我们的日常生活和社会，却仍要以基础研究作为其重要应用的根源。

仪器与理论

这些应用与联系以不同的方式实现。一种是使用的仪器和步骤运用了物理方法，或者它们是在物理实验室中创造或发现的，但在实验室之外也有广泛用途。X射线成像是最好的例子。
它自被发现之后不久便革新了医学实践，之后又增添了核磁共 63
振、超声成像等其他基于物理原理、可用于检测与协助病人康复
的技术。

还有一类联系，是由于物理理论为其他科学与技术提供了需要的工具和概念框架而产生的。牛顿将潮汐解释为月亮和太阳的引力作用，这是地球科学的重要组成；量子理论对于光和激光，以及纳米技术的应用都是必备的；描述液体和气体运动的复杂理论为气象预报和气候建模奠定了基础。

其中一些联系由来已久。天体物理、地球物理和医学成像技术都可以追溯到很早的时候。其他则在现代出现，或者获得了新的发展动力。生物学进入分子层面后，采用定量方法和物理技术，生物物理学的研究就此蓬勃发展。环境物理学是随着人们不断关注自己对地球的影响而兴起的新领域，致力于为我们带来清洁、高效的能源生产和使用方法。其他深度依赖物理学的新兴领域还有纳米技术和量子计算，不过旧的跨学科领域依然充满活力。

探索繁星

虽然天体物理学起源于古代的天文学，但它今天仍是一个
特别活跃的混合领域。它使用物理学工具和原理拓展了千百年
来人类追踪天体运动的经典方法——观测天文学。应用物理学
通过设计高级光学望远镜等观测工具，通过探测无线电、微波、 64
红外线和紫外线、X射线、γ 射线（随宇宙射线即来自深空的基
本粒子一同出现）的各种探测器，开拓了天文观测范围。物理学

应用于火箭和太空技术，使人们能够将一些观测平台（例如哈勃望远镜）放置于地球轨道，避免大气干扰。

物理方法还用于分析这些设备采集的数据，由此确定行星、恒星、星系和宇宙本身（从宇宙微波背景到星际介质、暗物质和暗能量）的动力学和组成成分。此外，我们还需要相对论和大爆炸理论来解释这些结果。

天体物理学中不可或缺的一种方法是光谱学，它研究物质如何发射和吸收电磁波等辐射。牛顿做过一个早期的光谱实验，他让阳光穿过玻璃棱镜，发现了从红色到紫色变化的连续色带，这是太阳按波长展开的黑体光谱。德国物理学家约瑟夫·夫琅禾费在1814年发明的光谱仪改进了牛顿的方法。他将棱镜和透镜组合，这样太阳光按波长分解的分辨率比牛顿的更高，还将太阳光颜色中的许多狭窄暗线显现了出来。

后来证明，这些线代表了光源的成分。一团热气会发射某些波长的能量，它们来自气体中量子化的原子跃迁，这为每一种元素（例如氢）提供了唯一的指纹。元素也可以通过吸收谱识别出来，恒星较冷的外层气体会通过量子跃迁吸收较热内部的辐射，使辐射能量缺少某些特征波长，从而表现为黑线（图9）。发射谱和吸收谱告诉我们天体的组成，带来了惊人的结
65 果。1868年，人们在太阳光谱的587.49纳米波长处发现了一道先前不知道的发射谱线。它是氦元素的特有谱线，后来才在地球上发现——氦是活跃恒星的主要成分。

光谱数据也能反映天体运动。根据多普勒效应，移动物体发出的光会根据物体在背向观察者还是朝着观察者运动，分别

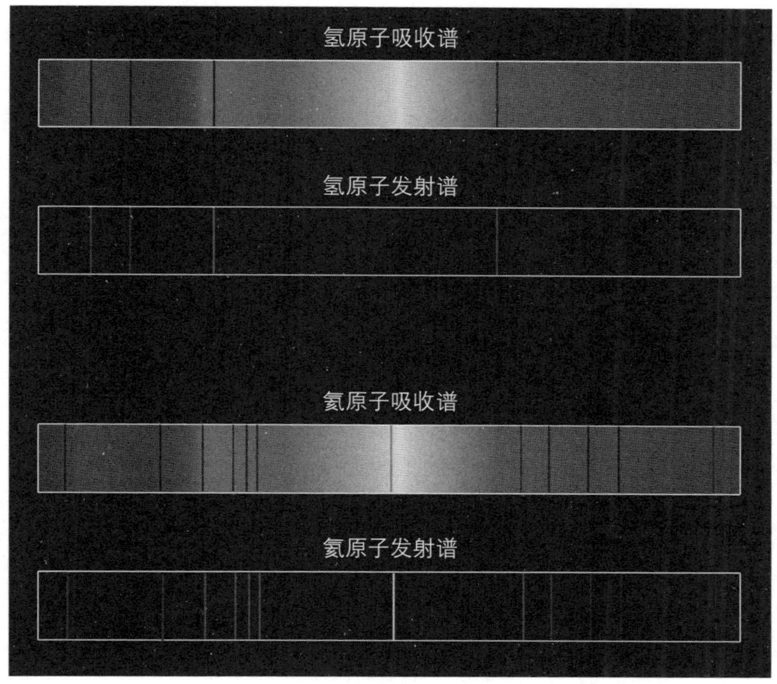

图9　量子跃迁产生的特征谱线显示了天体的成分

向较长的红色波长和较短的蓝色波长移动，移动量则取决于物体的移速。1929年，埃德温·哈勃在用威尔逊山望远镜（见图2）观察星系时，注意到了其中的红移光，这表明它们正在远离我们，后来证明，它们彼此也在远离。哈勃的结果首次确凿地观测到我们生活在一个膨胀的宇宙中。 66

还有许多别的例子证明了物理学思想在天体物理中的力量，反过来也证明了天体物理的观测结果回答物理学问题的能力。例如，LIGO在2015年探测到引力波就是重要的物理学结果。

地球内外

物理学也通过地球物理学为我们的家园做出贡献。地球物理学是一系列相关领域集合的一部分，这些领域包括地质学、气象学、海洋学、地震学和地磁学等，它可以检查、分析我们的星球及其现象。以地震为例，它有很长的研究史，可以追溯到中国早期。到19世纪，物理学家已经设计出了测量、记录地面运动的仪器，这类运动由地震引起的地震波在地球内部传播导致。之后研究者发现，利用描述波在介质中的行为的物理理论来分析这些震动，可以得到地球内部的信息。

英国地质学家理查德·迪克森·奥尔德汉姆用这种方法在1906年证明了地球中央有一颗核心。后续研究发现了地心与地心外的地幔的边界，地幔位于地表之下2 900千米处。丹麦地球物理学家英奇·莱曼在1936年拓展了分析结果，证明地心有固态内核，外部包裹着熔融态物质；之后是1996年，美国地球物理学家宋晓东和保罗·理查兹证明，内核的旋转速度稍快于地球其余部分（图10）。现在，在探测地球的新方法的加持下，地震分析继续发展，例如德国慕尼黑近郊的“地震旋转运动”装置，就将使用激光来研究地球结构，寻找石油等矿产资源。

我们也能用物理方法得出地球的年龄。这个话题在19世纪
67 末备受争议，因为热学分析等方法给出了高达数亿年的结果，与《圣经》的几千年不符。一种更精确的方法是放射性年代测定法，始于1907年，当时美国化学家兼物理学家伯特伦·博尔特伍德证明了铀会衰变成铅。于是他测量了岩石中铅和铀的比率，

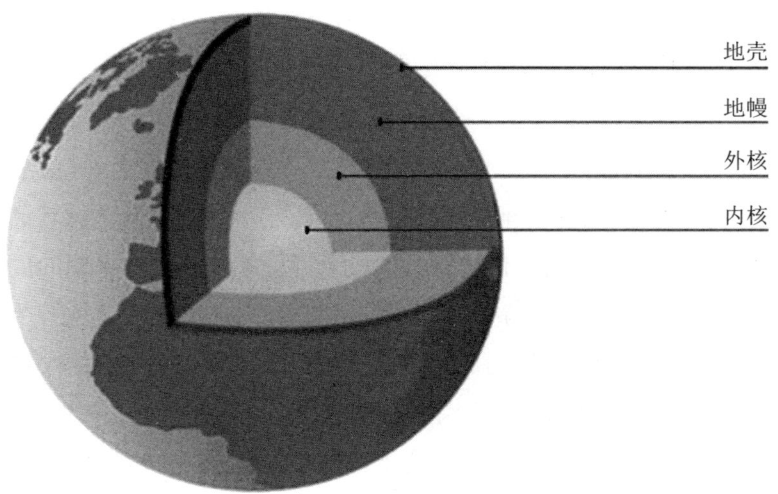

图10　我们对地球内部结构的了解，大部分来自针对地震波的地球物理分析

得出的地球年龄高达22亿年。最终，英国地质学家亚瑟·霍尔姆斯在1930年改进了放射性年代测定法，使之成为可靠的地质时钟，如今由该方法得到的地球年龄是45.4亿年。

物理思想的另一个重要应用是研究地球气候和人为引起的全球变暖。其基本机制——温室效应（即大气储存太阳热量的效应），公认是1820年代由法国数学家兼物理学家约瑟夫·傅里叶提出的。1856年，美国科学家尤尼斯·富特首次证明二氧化碳很容易储存热量。之后，约翰·丁达尔进一步研究了二氧化碳和水蒸气的储热性质，瑞典诺贝尔奖得主、物理化学家斯万特·阿雷纽斯发现了大气二氧化碳浓度与全球温度的关系。这 68
些结果与后续研究让人们有了如今的认识，即人为过程正在增加二氧化碳含量并将全球温度升高到有害水平。预测这一增长的气候模型，有赖于理论和经验上对大气如何吸收、反射并储存太阳辐射，从而改变地球温度的研究。

人体内部

医学物理学和气候变化科学一样发轫于19世纪，可以追溯到X射线及其探测人体内部能力的发现之时。同样，早期的放射性研究很快让这一新现象应用于医学。这样的思路延续到今天的医学物理学，带来了各种形式的成像、放射治疗、核医学，以及新近的激光手术和纳米医学等方法。

X射线成像依然是重要的诊断技术，并已进一步发展为计算机断层扫描，能从不同的角度给患者拍摄多张X射线图像，然后用计算机将它们组合成显示脑部和腹部器官等软组织的画面，而在传统的X射线照片中，它们的显示效果并不好。X射线成像的一个缺点是，X射线能量很高，足以电离原子和分子（也就是剥离它们的电子），这样会破坏DNA。因此，现代技术会尽可能缩短患者的照射时间。

不过，X射线同样可以杀死癌细胞。放射疗法始于1900年，X射线在当时用于治疗皮肤癌，之后则用于杀死潜藏很深的肿瘤。自1898年玛丽·居里发现镭后，放射疗法得到了扩展。人们发现镭放出的 γ 射线会像X射线那样对皮肤造成类似灼烧
69 的损伤，镭疗法很快用于治疗癌症。人们还将镭疗法看成能够治疗其他疾病的神奇疗法，不幸的是，直到1930年代确定 γ 射线会造成长期危害之前，人们并没有认识到它会损害健康细胞。居里夫人在1934年死于白内障和贫血（或者说白血病），或许就是长年曝露于辐射之下所致。

即便使用得当，镭也非常稀有昂贵，1937年全世界可用于放射治疗的镭只有50克。1935年，伊伦·约里奥–居里（皮埃尔·居里和玛丽·居里的女儿）和弗雷德里克·约里奥夫妇因发现了镭的替代物（用氦原子核轰击硼等轻元素原子制成的人工放射性同位素）而获得了诺贝尔化学奖。这些人工同位素的医学价值显而易见，诺贝尔奖授奖致辞中就说：

> 两位的研究结果对纯科学至关重要；此外，它对生理学家、医生以及全体受苦的人类也同样重要，他们有望从你们的发现和珍贵疗法中受益。

第二次世界大战后，人们使用核反应堆来制造^{60}Co（原子量为60的钴的同位素）等放射性物质，用于放射治疗。然后在1980年代，直线粒子加速器提供了替代方法。在该加速器中，电场将电子、质子、离子等加速到高速，用于研究。医用直线粒子加速器则可加速电子束，将其直接用于放射疗法，或是让其撞击重金属靶标以产生高能X射线。结合计算机断层扫描成像（CAT），我们可以精确定位这些射线，实现最大的收益和最小的不良影响。

放射性同位素也用于正电子发射断层扫描（PET），这是反物质的一种实际应用，可检测人体内的代谢活动。医生给患者注入生物活性化合物（通常是血糖葡萄糖的特殊制剂），其中包 70
含放射性很微弱的同位素。这些同位素会衰变放出正电子，每个正电子在体内移动很短的距离，就会遇到其反粒子——电子。它们相互湮灭，放出能量，形成两道几乎沿相反方向出射的 γ 射线。从外部检测这些射线，再用计算机分析回溯它们的路径，由此可确定它们在体内的起点。

分析的位置足够多，即可得到一张三维图像，显示何处代谢活性高。正电子发射断层扫描最常用于呈现肿瘤、追踪癌症扩散。它也有其他应用，比如大脑成像，用于诊断阿尔茨海默病。这种方法也有检测慢性创伤性脑病变的潜力，头部反复受伤的足球运动员可能会出现这种退行性脑部病症。

物理学也提供了其他成像方法。医学超声起源于第一次世界大战，当时法国物理学家保罗·朗之万使用水下声波来探测潜艇。它在第二次世界大战中演化为用于反潜的声呐（声音导航与测距），运用了人类听觉范围外、频率在20 000赫兹以上的超声波。苏格兰产科兼妇科医生伊恩·唐纳德在战时服役期间了解到声呐，并在1958年把原本是检测金属缺陷的工业超声装置用在了发现女性卵巢囊肿上。超声波不同于X射线，不会伤害细胞，能直接给软组织成像。现在，它是检查孕妇的胎儿（图11）以及给器官拍片的常规手段，超声心动描记术甚至还可以实时成像，显示跳动的心脏。

还有一种基于物理学的技术——核磁共振成像（MRI），来源于诺贝尔奖得主、美国物理学家伊西多·拉比在1930年代发
71 明的核磁共振光谱仪。核磁共振利用了原子核内的质子和中子类似指南针、具有南北两极的性质。如果将原子核置于磁场中，它们会占据某些量子能级，并吸收频率与那些能级相符的电磁能量。不同的原子和分子有独特的吸收谱，使得核磁共振在识别化学物质、研究分子结构方面发挥着重要作用。

之后，其他研究者找到了各种检测生物体内核磁共振的方

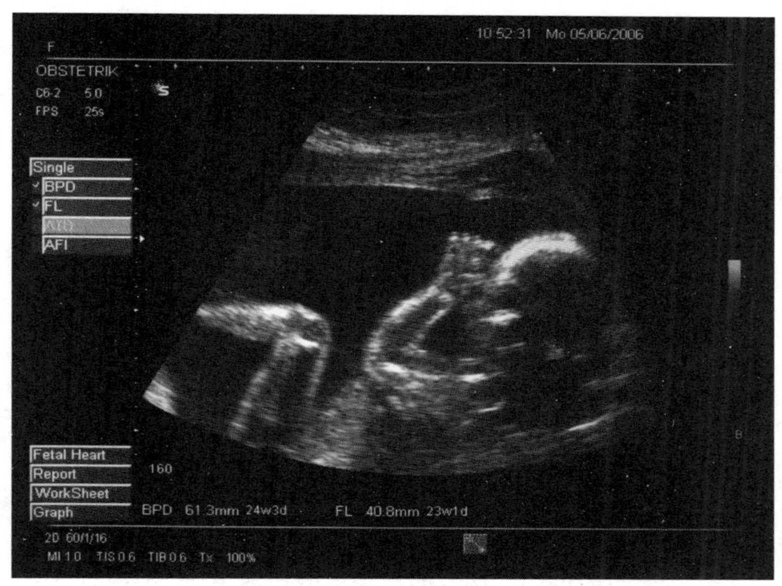

图11　图为超声拍摄的胎儿图像，这类医学成像技术依赖于应用物理学

法，因为生物体总含有水分子，而水分子里有氢原子，氢原子核是单个质子，可以通过核磁共振检测到。这使核磁共振演变为医学的核磁共振成像，用计算机将测量结果转换为神经、心血管、肌肉骨骼系统等器官的图像。这种方法需要强磁场，它们由超导金属线圈产生，这些线圈通常由液氦冷却至4开尔文，只比绝对零度高一点点。 72

核磁共振成像已发展为脑功能磁共振成像（fMRI），这是一种非侵入式的探针，用于检测活体脑部。1990年，隶属贝尔实验室的日裔生物物理学家小川诚二奠定了脑功能磁共振成像的基础。他证明核磁共振成像对血液氧合水平很敏感，后者随血液流经神经元活跃的脑区时会发生变化。因此，脑功能磁共振成像能绘制出正在实际创造思维过程的脑区。它已成为神经科学和脑研究的重要工具，用于诊断癫痫、中风等脑部疾病。

探索生物分子与活细胞

脑功能磁共振成像在神经研究中的运用，表明物理方法除了提供临床工具外，还可以探索生命系统，这是生物物理学如今蓬勃发展的一个原因。

生物物理学始于1780年路易吉·伽尔瓦尼发现“生物电”，1900年的国际物理学大会上也有生物学研究的报告。19世纪的德国科学家赫尔曼·冯·亥姆霍兹是生物物理学的先驱，他的工作结合了生理学、物理学和数学，是该领域浓厚的跨学科风格与多样化本质的范例。他对能量守恒的重要工作来源于他对肌肉运动的研究；他仔细研究了声波等物理刺激的客观测量结果与人类对其感知之间的区别；他测量了神经冲动的传播速度；他还在1851年发明了检眼镜，这个工具至今仍用于检查人眼的内部。

物理学家的思想也为基础生物学做出了贡献。埃尔温·薛定谔的方程对量子理论至关重要，他还写了《生命是什么：活细胞的物理观》（1944）一书。他在其中讨论了热力学和“无序产
73 生的有序”在生物体中的作用，并提出了一种可以传递遗传信息的分子机制。然而，直到1953年发现DNA的双螺旋结构，人们才了解了这一过程的细节。沃森和克里克认为薛定谔的书启发了他们的研究。

生物物理学家现在使用先进的物理工具，如各类显微镜、激光、光谱仪和成像仪（其中一些已在前文提及）来检测生物系统

与生物。如今，研究人员还可以使用原子力显微镜操控基本的生物单位，即用微小的实体探针刺入细胞；也可以使用光镊，即用一道高度聚焦的激光束固定并移动单个生物分子或细胞。这些工具可以让我们深入了解诸如蛋白质分子的三维形状与功能的关系、正常细胞与癌细胞的不同性质等信息。

有了这些研究工具，对复杂生物系统的建模与分析成了一个蓬勃发展的领域，它利用了热力学和统计力学等基本的物理学思想。这些模型在模拟和分析脑神经回路等方面很有用，电学理论对模拟单个神经元的行为也非常重要。还有人认为，在光合作用等生物过程中，甚至有量子效应在发挥作用。

生物物理学的多样性及其与其他科学领域（生物化学、细胞和分子生物学等）的重叠，使我们很难总结它的所有研究成果与潜力。物理学的工具、分析和理论将在生物学中发挥越来越重要的作用，但要说这些方法能否运用于整个生物范围（从分子到细胞、器官、有机体、生态系统），或是发展出全新的生物功能理论，现在还为时过早。 74

清洁能源

物理学通过它对生物医学提供的帮助，为人类的健康和长寿做出了贡献。它也能帮我们在全球能量需求增长，以及因能源生产与使用造成的环境与健康的代价之间权衡利弊。物理学是理解和开发能量与能源的一大领域，从热力学到发电与核裂变原理，再到核聚变、太阳能以及风能、潮汐能、地热能，都需要物理学。物理学还为更有效地利用能源提供了各种可能方案，无论其来源是什么。

发电遵从法拉第在19世纪上半叶发现的电磁原理，人们据此设计了发电机，让金属线圈在磁场中旋转来产生电流。今天，美国和全球范围内使用的电力中有大约三分之二来自燃烧化学燃料（煤和天然气）推动发电机的中心发电厂。这些烧掉的燃料会产生二氧化碳等温室气体，造成气候变化和污染等严重影响。

核物理给出了一项替代方案。1938年发现的铀核裂变可以释放巨大的能量，据此人们制造出了终结第二次世界大战的原子弹。战后，新的研究转向用受控核能发电。第一座商业核反应堆于1960年开始运行，截至2014年，全球电力大约有11%来自核反应。从某种意义上说，这对环境是有利的。相比化石燃料，核电站很少产生温室气体，但它也有有害的一面。分别于1979年、1986年和2011年发生在三里岛、切尔诺贝利和福岛

75 第一核电站的核事故表明，核反应堆可能发生严重的安全问题。它们还会产生核废料，这些副产物具有长期有害的放射性，不易填埋或丢弃。

核聚变提供了另一种可能方法。它是氢原子核结合成氦原子核并释放能量的过程，太阳等恒星就是因此而发光。它在本质上比核裂变的放射性更低、安全性更高，但让原子核结合需要数百万度的高温。经过几十年的研究，控制由此产生的热等离子体仍然是一项艰巨的挑战。由35个国家在法国南部共同建造的国际热核聚变实验堆是利用磁场控制高温等离子体的最新尝试。美国加利福尼亚州劳伦斯·利弗莫尔实验室的国家点火装置则另辟蹊径，尝试用大型激光来启动聚变。

太阳能为清洁、可持续能源提供了完全不同的方法。其被动利用形式，是设计能够最大程度地利用阳光能量的建筑；其主

动利用形式，是用阳光发电。有一种技术是用镜子或透镜聚集阳光，将它转换为热量，从而驱动蒸汽轮机，再由轮机驱动发电机。更直接的转换方法要用到凝聚态物理和材料科学。它使用光伏半导体制成的太阳能电池，这种材料的电子通常不能在其占据的能级上移动。但是，如果电子从入射光子那里获取了能量，那么它们就会发生量子跃迁，穿过“带隙”进入更高的能级，形成电流。

1954年，贝尔实验室展出了第一个由半导体硅制成的实用太阳能电池。尽管早期的太阳能电池在给太空卫星供电等专门的应用领域很有用，但若要普遍使用，就过于昂贵、低效了。不过，对其物理原理和半导体材料的后续研究使它们变得更好也 76
更便宜。它们将光能转化为电能的效率，从1970年代的10%提高到了某几类电池在2014年创纪录的46%；每瓦太阳能电力的成本从1970年代的100美元下降到了2015年的1美元左右。太阳能电力的使用量正在增长，但依然只占全球电力总消耗的一小部分，尚未成为清洁能源的主力。

材料物理学能为能源使用带来另一项重大改进，即用高效的发光二极管（以下简称LED）代替传统光源。LED是一种半导体结构，微弱的电压使电子穿过带隙进入更高的能量状态，然后电子再跳回去，释放出光子，LED由此发光。光的颜色取决于半导体。早期LED只有红光、绿光和黄光。研究者经过数年研究，最终达到2014年诺贝尔奖授予的巅峰：这年的奖项颁给了日本物理学家兼材料学家赤崎勇、天野浩和日裔美国工程师中村修二，表彰他们基于半导体氮化镓研制出蓝光LED。有了蓝光，LED就可以混合各个颜色，产生人们认为是“白”光的一般照明光。

与白炽灯和荧光灯相比，这种新光源在每瓦电力下产生的光更多而废热极少，寿命则长了10～100倍。由于照明用电至少占用了世界总发电量的四分之一，因此白光LED可以节约大量能源。它们的另一个优势是工作电压低，可以用太阳能电池供电，让全世界没有接入电网的15亿人也能获得照明。预测显
77 示，截至2020年，LED照明将占据全球照明市场的60%左右。

厨房物理学

LED并不是物理学进入家庭和日常生活的唯一渠道。一些我们认为理所当然的厨房活动都受到了应用物理的影响，先从烹饪谈起吧。

人类用火可以追溯到80万年前我们的类人猿祖先，而人类用明火烹饪至少有3万年历史。但烹饪活动直到1800年才走出原始状态，那年物理学家拉姆福德伯爵（他提出热量不是一种物质）发明了一种兼有灶台和封闭烤箱的灶具。早期灶具都使用煤炭和木柴，然后是更清洁的煤气。最终，1930年代人们广泛接受了电热圈烹饪，灶具自此进入无焰阶段。1947年第一台微波炉问世，这是一种更先进的无焰烹饪形式，利用微波的能量从内部加热食物。它的名字“雷达炉”也恰如其分，因为其技术来自第二次世界大战研制的微波雷达。

全球仍有二三十亿人用明火或低效的炉灶烹饪（通常燃烧生物质燃料），他们大多生活在第三世界。明火的烟雾加重了全球污染，并会导致呼吸系统疾病，引起其他普遍的健康危害。具有生态意识的物理学家运用热学原理（如对流），开发出许多能

够清洁燃烧，而且也简单便宜的炉灶，供这些地区使用。

应用热物理学对厨房中的另一件主要技术产品——冰箱而言也不可或缺。从18世纪开始，本·富兰克林和迈克尔·法拉第等研究者证实了如下热力学原理：易挥发的液体在蒸发过程中会变冷。其他人研发了液体蒸发与冷凝的循环，让制冷成为现 78
实。到19世纪末，这些想法又用在了机械制冷中，用于商业上的食品保存。1911年，通用电气公司设计了一种家用燃气冰箱，并在1927年生产了“莫尼特顶”模型机，这是第一台家用电冰箱。

厨房技术的这些必需品依靠的是19世纪的物理学，而我们身边的技术则越来越多地与20世纪出现的现代物理学联系在一起。

应用现代物理学

尽管量子物理和相对论描述的是远离人类尺度的那部分自然，但它们的应用却影响着我们的世界和日常生活。爱因斯坦的狭义相对论给出了等式$E = mc^2$，体现为核武器与核能方面史无前例的能量释放；之前我曾提及，广义相对论用在了全球定位系统之中；量子物理则是我们日常许多设备背后的原理。

激光就是其中之一，它是“受激辐射光放大”的简称。这种装置仿佛是科幻小说里的小玩意。美国物理学家西奥多·迈曼根据另两位美国物理学家查尔斯·汤斯和亚瑟·肖洛的成果，在1960年做出了第一台激光器，当时人们称之为“死线”。现在，从消费类电子产品、光纤通信到医学、研究、工业、娱乐和军事技术中的各式应用，激光已普遍进入我们的生活。

激光的运作原理是能级间的量子跃迁并释放光子。这些

能级可以是氧化铝（用在了第一个激光器中）等特定固体、二氧
79 化碳等气体的原子和分子能级，或者是半导体带隙上下的能级。这些介质都可以“发射激光”，即产生特定波长、高强度、彼此同步的光子——这是区分激光与常规光源的特点。其成果是一系列激光器，如美国国家点火装置里足球场大小的激光器；台式的二氧化碳激光器，能发出10.6微米的红外光；还有极小的半导体激光器，可发出可见光到红外线范围的激光，用于光纤通信和蓝光光盘技术。

量子物理还是日益主导我们世界的数字设备的基础，这些设备从根本上看都依赖晶体管。晶体管由贝尔实验室的美国物理学家约翰 · 巴丁、威廉 · 肖克利和沃尔特 · 布拉顿在1947年发明，他们因此共同获得了诺贝尔奖。晶体管彻底改变了电子技术，使它从依靠脆弱的真空管转为使用这些用半导体材料制成的耐用的固态器件。半导体中遵循量子力学的带隙改变了它们的电学行为，制成晶体管后，我们可以精确地控制它们传导电流。这些高度灵活的设备可以用作电子放大器、二进制计算机位等。

起初，晶体管都做成单独的元件，但不久便纳入集成电路或者说芯片之中，这是一种用半导体材料（通常为硅）制成的扁平小块，加工之后，可以在很小的区域内容纳几百万个晶体管等电子元件。这项技术在小型化、运行速度、功耗以及生产成本方面革新了电子学。它开启了台式计算机时代，然后是使用电池的笔记本电脑、智能手机和我们目前使用的所有便携式个人设备的时代。

量子力学对迅猛发展的新领域——纳米科学和纳米技术也

非常重要。诺贝尔奖得主理查德·费曼在1959年的著名演讲《底部还有很大空间》中表达了在最小尺度范围内操纵物质的 80
重要性。大致在此时问世的集成电路就是朝这个方向迈出的一步。随着扫描隧道显微镜等为小尺度准备的新工具的加入，针对极小系统及其应用的研究激增。美国通过国家纳米技术计划支持着这些研究，自2001年起提供了250亿美元的联邦研究资金。另外，欧盟和日本也进行了大量投资。

纳米科学关注的对象，至少在一个维度上的长度为1 ～ 100纳米，大概是10 ～ 1 000个氢原子排成一排。对象则包括纳米机器，即执行旋转等机械操作的分子，有望应用于医疗领域；还包括纳米颗粒，通常由金等金属或半导体制成。在这种尺度上，量子效应使纳米颗粒展现出不同于块状材料的功能，其性质（如光学行为）取决于颗粒的尺寸。由此带来的多功能性可以使其在技术设备和生物医学方面实现各种各样的应用。

量子奇异性

量子能级使纳米颗粒表现出各自的行为，也出现在原子、计算机芯片和LED中，它们在一百多年前被首次提出时是违反直觉的，但现在我们完全认为它们是自然的一部分。量子物理的其他方面仍然很难从直觉的层面理解，而它们也同样出现在实际应用中。

这些效应中有一个是叠加，指的是一个量子实体（电子、光子等）的每个物理参量都能同时表示为不同的值，而不是一个已知的值。这来源于量子理论的统计性质，它只会给出一个概率。在实际测量确定某个值之前，参量可以是某个范围内的任意值。 81

“薛定谔的猫”让这个非经典的行为留名史册，它说的是，一只猫待在装着毒药瓶的盒子中，有个随机开关决定瓶子是否会泄漏毒药。那么在最终打开盒子前，这只猫既是死的也是活的，只有打开后，我们才能确定猫处在两种情况中的哪一种。

再举个真实的例子，试想将光子的电场极化，使之指向水平（H）或垂直（V）方向。H和V也可以标记为0和1，因此一个极化光子就是一个二进制计算机位，而且更好。常规晶体管的计算机位要么关闭（0）要么打开（1），但光子同时为0和1。两个常规位只能容纳二进制数00、01、10和11（十进制的0、1、2和3）之一，而两个量子比特（量子位）可以容纳全部四个数。这给量子计算机带来了巨大的优势，而且还会随着量子位增加而迅速拉大。仅仅十个量子位就可以容纳1 024个数字，而包含一百个量子位的计算机，至少在解决某些类型的问题（例如处理加密数据）方面，其算力可以媲美世界上所有的常规超级计算机。

然而，我们很难在实际的硬件中表现这些可能性。除光子外，实体的量子位还可以用其他类型的量子粒子与系统实现，例如在两个方向旋转的电子。但它们都存在一些问题，一个主要问题是量子位需要保持孤立，这样在与计算机外部交互时才不会丢失叠加状态。截至目前，人类建造的大型量子计算机包括国际商业机器公司（IBM）制造的20量子位计算机，它用于商业和学术研究。

国家安全及其他

量子计算有分析密码的潜力，与许多物理应用一样对国家
82 安全具有重要意义。第二次世界大战之后，物理学在研制先进

武器方面发挥了重要作用，这些武器包括核弹头弹道导弹及对应的防御系统、灵巧弹药、隐形飞机和轮船等。其他用在战争、安全和反恐方面的物理学应用有卫星遥感、水下声音探测器（用于探测可发射核导弹的潜艇）等。总体而言，现代军事管制和通信依赖于数字计算和电子技术。

通过这类方式，物理学和物理学家与国防、军事应用和国际视野下的国家安全建立了密切的联系。在美国，这种联系的一个衡量标准是：2017年，美国国防部下拨了约130亿美元经费，用于基础与应用研究和技术开发，其中大部分用于自然科学。另一些资金来自国家核安全局，该机构隶属美国能源部，负责“通过核科学的军事应用增强国家安全”，并监管着美国数千枚核弹头的储存。该机构在2017年得到了近90亿美元的经费支持。

物理学在核武器中起到的作用，是它迄今为止给美国和世界带来的最重大的影响。这个结论可能会由将来的结果改变，例如，聚变能的突破可能会给人类带来深远的变革。同时，物理学的其他应用和各种跨学科的联络也影响着社会，其范围从关键领域一直到娱乐领域，表明了物理学的广泛影响力。

第五章

社会中的力

物理学对人类有重要的智识上的意义，因为它成功地解释了自然；同时它也有重要的实践意义，因为它强有力地影响了实验室之外的广大世界。物理学家清楚这项重要的互动。拥有6万多名会员的德国物理学会以研究和评论社会政治问题来履行其“社会承诺”。而在美国物理学会，“物理与社会”“拓展服务与公众参与”“物理学史”等讨论会有1.1万多名成员思考着物理学在社会中的作用。用“物理学与社会论坛”在其网站上的话来说，就是：

> 物理学是许多社会难题的主要成分，这些难题有核武器及其扩散、能源短缺与能源影响、气候变化与技术创新等。

麻省理工学院的科学、技术与社会计划等其他工作，从人文与社科的角度考察了社会与科学（包括物理学）的交会。

实验室之外

物理学在当代有许多有力的影响，其中之一始于第二次世界大战期间它在美国制造原子弹的曼哈顿计划里起到的作用。丹尼尔·凯夫莱斯在《物理学家：现代美国科学共同体史》中 84
将这件事描述为：“一代美国物理学家通过制造核武器改变了世界。”这些武器以巨大的破坏力打败了日本，其后还有破坏力更强的氢弹。曾经参与曼哈顿计划的物理学家们认识到全球核破坏的可能性，从而创办了《原子科学家公报》。它将预测威胁人类的核灾难的末日时间定于午夜前两分钟，反映了当前全球对于核对抗（以及气候变化）的不安心理。

但是，结局也可以与这种灾难相反，比如“物理学与社会论坛”就指出，物理学可以广泛、积极地影响我们的日常活动，并通过它在太阳能、数字电子学和医学等领域的应用提高我们的生活质量。

这些事件和发明，无论是可畏者还是有益者，都出现在最近的50～100年之间，但物理学的社会影响还要追溯到更早的时代，既来自纯物理学也来自应用物理学。物理学在支撑了技术及其创新外，还回应了人类对于回答各种深刻而长久问题的渴望。

创世的起源与人类的位置

哥白尼革命改变了我们对自己的看法，这是一个里程碑式的回答。在哥白尼、第谷、开普勒和伽利略观察自然、分析数据、得出结论，说行星和恒星并非围绕固定的地球旋转之后，人们不得不重新考虑人类位于宇宙中心的假说。1632年，教会神职

人员发现伽利略的观点与教廷的地球固定的信念相悖，强迫他
85 公开放弃了自己的理念。尽管如此，据说他还是反叛地表达了自己的信念：“但它仍在运动”，但这个故事基本上可以说是杜撰的。不过，无论他有没有说这些话，他都帮我们确立了人类理性可以解释自然世界的基本原则，确立了我们在自然世界中的位置。

物理学和相关学科的其他证据也挑战了并仍在挑战宗教关于地球、宇宙和人类历史的观点。前文提到过，地球年龄的科学证据在19世纪开始积累。现在，公认的地球年龄是45.4亿年，天体物理学给出的宇宙年龄则为138亿年，并通过大爆炸理论说明了它的起源和发展。这些结果与《圣经》字面的解读相悖，《圣经》暗示上帝在6 000 ～ 10 000年前创造了宇宙和其中的万物。这么短的时间跨度也无法与人类和所有生物已经进化了数十亿年的证据吻合，而后者是生物科学的绝对共识，与地球年龄也没有矛盾。

由这些结果可以看到，物理学和科学在关于我们的星球和我们自身的问题上给出了与宗教观念不同的新认识，它们当前在大多数国家占据主导地位——但美国除外。例如，尽管学界对大爆炸理论有非常明确的共识，但2012、2014和2015年对美国成年人的调查表明，大多数人都不相信这个理论，或认为科学家也没有完全接受它。

同样，进化论得到广泛接受，但美国除外。2006年的调查数据显示，在9个欧洲国家中，只有7%～ 15%的成年人认为进化论完全错误，但这个数字在美国是33%。2017年，盖洛普调查显示，76%的美国成年人或是相信上帝创造了人类，而且人

类在过去一万年里一直没有变化（即所谓的创造论或“智能设计”论），或是认为人类有过进化，但那是在上帝的指引下发生 86
的。不过，现在相信进化过程没有受到上帝干预的美国成年人有19%，这个数字是1982年的两倍，而且在受过更高教育的人群中占比更高。显然，科学发现确实会改变普遍认知，尽管比较缓慢。

但是，尽管我们有强力的物理证据证明宇宙如何诞生与演化，但物理学还是无法检验大爆炸之前或大爆炸瞬间的状况，因而无法用科学叙事完全回答“宇宙是如何形成的？”这个问题。

技术物理学家

在更实用的方面，物理学影响了人类社会的物质条件，改变了我们的生活和工作方式，尤其是工业革命之后更是如此。前文已经提过，在那场从蒸汽机开始的革命里，处于核心位置的发明与工艺都利用了经典物理学，并对经典物理学有所贡献；还提到了物理学原理如何满足人们的需要（也就是用科学发明技术），改变了我们的烹饪习惯等。

到19世纪下半叶，物理学因其对工业技术的支持而产生了广泛的影响。一个早期的例子是苏格兰数学物理学家威廉·汤姆森（即开尔文勋爵）提出的电报的电学理论。他担当了大西洋电报公司铺设跨大西洋电报电缆的科学顾问，并登上作业船只亲身参与。最初的尝试失败了，但是汤姆森的远见对公司的最终成功起到了重要作用，他们于1866年在爱尔兰和纽芬兰之间铺设了将近2 100英里的电缆。这项伟大的技术成就为汤姆
森赢得了维多利亚女王册封的爵位。 87

后来，利用物理学来支持技术成了国家目标。1887年，德国实业家恩斯特·沃纳·冯·西门子成立帝国物理技术研究院，展开工业研究，之后研究院由德国政府接管。就是这里在1899年为德国照明公司测量了准确的黑体光谱，马克斯·普朗克由此提出了量子的想法。英国国家物理实验室和美国标准局（现为美国国家标准与技术研究院）都按照德国研究院的模式分别于1900年和1901年成立。

企业实验室也在那个时代兴起。美国的第一个企业实验室是通用电气研究实验室，由一个包括托马斯·爱迪生在内的小组于1900年成立。据称它是“将新原理应用于商业，乃至为发现新原理而设的研究实验室”。荷兰的飞利浦公司于1914年建立了实验室；而在美国，贝尔电话实验室成立于1925年，共有4 000名科学家和工程师，后来成为晶体管的诞生地。另一家技术导向型公司——IBM的研究工作可以追溯到1945年。它们研制了获得诺贝尔奖的“高温”超导体，工作温度远高于绝对零度——尽管还是非常低。

如今，企业设施中的物理学家在私营部门发挥着重要作用。美国国会研究服务中心在2014年的一份报告中指出，2012年，全美国的科学家和工程师队伍中约有27.4万名自然科学家。根据美国物理学会2015年的一份报告，其中的物理学家大约有一半受雇于私营部门，他们不仅仅是拥有学士和硕士学位的那些，还包括受过高度训练的研究型、拥有博士学位的
88 物理学家。

这些博士大多数从事物理、工程、计算机等科学和技术领域的工作。令人惊讶的是，其中有7%的人在貌似与物理学关系不

大的金融界或者说“金融物理学”领域工作。他们担任量化分析师，运用在数学、数据分析和建模方面的学识，在投资及商业银行、对冲基金和投资组合管理公司中大展身手，或是开发软件在股票市场中做出极快的自动化收售决策。这些新奇的方法使一些人变得富有，但其他人则认为算法的不透明和复杂性是导致2008年全球金融危机的一个原因，并造成了市场波动。量化分析师在金融行业中可能会产生广泛的影响，而我们尚不能完全了解和控制它们。

物理学还通过企业家影响社会，启发他们发展基于物理学的新型、具有商业潜力的技术，埃隆·马斯克的事业即是证明。他在本科阶段接受的物理学训练使他在其航空航天公司SpaceX和电动汽车公司特斯拉中建立了开创性的技术，有可能完全改变既有的做法。马斯克在近期的一次采访中说，物理学研究是创新的良好准备，因为它教会了我们怎样从第一原理展开推理：

> 若想开拓新领域并做出真正的创新，就要运用第一原理的思想，尝试确定这个领域中最基本的真理，然后从那里开始推理。

内森·迈尔沃尔德是运用物理学创业的另一类例子。他受过理论物理学培训，曾担任微软的首席技术官，之后创立了美食实验室，以寻求一种新的烹饪方法（最初称为分子烹饪法）。迈
尔沃尔德将他这类从业者的做法称为现代主义烹饪法，他们用 89
基于物理学的方法改善肉的烹饪方式、更好地了解如何烘焙面

包，并为著名的烤棉花糖巧[1]创制了另一种做法。马斯克和迈尔沃尔德的这些事业提醒了大学和职业机构，让它们适当增加一些成为企业家所需的思维与业务培训，为物理学专业的学生和实践研究者带来助益。

战争中的物理学

除私营部门外，物理学也在学术界、政府实验室和机构中发挥作用，影响社会。在这三个领域中，美国和其他地区的物理学之所以繁荣，至少有部分原因是它对国防至关重要。不管是好是坏，物理学都升级了战争，战争也升级了物理学，尽管后者只是隐而不现。

在物理学正式诞生之前，中世纪的武器就运用了简单的机械原理，例如在转轴上使用配重臂，或是在绞绳中存储能量发射重型弹丸。这些攻城器械的设计并没有经过严格的物理分析，但是在火炮取代它们后，精确计算弹道的轨迹就变得很重要了。意大利数学家尼科洛·丰塔纳·塔尔塔利亚在1537年分析了炮弹的运动，并正确地指出炮口抬高到45度角时射程最大。后来，伽利略和牛顿提出的力学原理导出了完整的弹道学。

物理学和基于物理学的技术在更近的时候才进入战争，尽
管并不总是体现在武器上。我们在美国内战中看到了使用气球
和改良的望远镜进行观察的方式、电报通信（亚伯拉罕·林肯总
90 统直接在白宫指挥军队）以及膛线炮、潜艇和铁甲舰。1863年，
林肯在这场战争期间建立了美国国家科学院，因此这场战争还

① 一种用高温烤炉迅速烤制而成、洒有蛋白酥的蛋糕冰淇淋甜点。——译注

可能见证了科学在军事上的直接应用。科学院负责向国家提供科学方面的建议，直到现在仍然如此；但在当时，它并没有监管美国的科学，也没有帮助北方打赢内战。

然而在五十年后，科学院成立了国家研究委员会，在第一次世界大战期间配合军方调整自己的科学研究。1917年4月美国对德国宣战之后，委员会负责人、天体物理学家乔治·埃勒里·海耳与迈克尔逊和罗伯特·密立根（分别是当时和后来的诺贝尔物理学奖得主）合作监管物理学方面（其他科学亦在其列）的相关研究。物理学的贡献主要在探测方法方面，例如有个通过超声波感测潜艇的项目，就建立在法国的保罗·朗之万的工作基础之上。

委员会缺少自己的研究设施，多与企业实验室、大学以及美国陆军通信部队之类的军事部门合作。物理学史学家约翰内斯-盖特·哈格曼写道，该计划的一项重要成果是“科学、工业和军事研究的纠缠”，其结果是，后来“科学和技术研究，包括物理学的重大贡献，成为战争的决定性因素”。这些联系在第二次世界大战和随后的冷战中得到充分说明，并一直延续到今天。

第二次世界大战期间，在战争参与方政府对自然科学和技术的支持下发明和完善的进攻与防御武器有一大串：喷气式飞机、V1飞行炸弹、V2火箭、声呐、雷达、夜视技术、近距离引信（使防空火力更有效），当然最重要的还是原子弹。 91

这些武器要求政府以前所未有的规模来组织、资助科学家和工程师，组建研究机构和生产设施。在美国，麻省理工学院放射实验室的雇员多达4 000人，其中包括许多物理学博士，他们在1940年至1945年间与英国合作开发雷达、无线电导航装置等电子设备。德国的V2火箭是第一款远程制导弹道导弹，以德国1920年代和美国1930年代的火箭研究为基础。纳粹制造了3 000多枚V2火箭射向伦敦、安特卫普和列日，据估算杀死了9 000人，另有大约12 000名被俘劳工死于该项目。

核时代

在这些军事研究中，物理学最集中、最有历史影响力的是美国研制原子弹的项目。1938年德国研究者发现核裂变后，科学家意识到不受控裂变链反应的潜力——制造极具破坏性的武器。1939年，匈牙利裔美国物理学家莱奥·西拉德写了一封由阿尔伯特·爱因斯坦签名的信，寄给美国总统富兰克林·罗斯福。信中警示了德国对核武器的兴趣，并敦促美国展开自己的计划，制造“新型超强炸弹”。

其结果——曼哈顿计划，于1942年在美国陆军工程兵少将莱斯利·格罗夫斯的领导下展开（之所以这样命名，是因为纽约哥伦比亚大学[①]进行了一些初步研究）。之后它的雇员增长到13万人，其中包括意大利诺贝尔奖得主、物理学家恩里科·费米等欧洲科学家。它在美国、英国和加拿大的30个地点展开研究
92 和生产，耗资20亿美元，相当于2016年的270亿美元。

计划必须证明核链式反应可以自我维持，费米于1942年在世界上第一座核反应堆中做到了这一点。它还必须将可裂变的铀235和钚239与各自更常见、不可裂变的同位素分开，这是一个困难的过程，需要多种方法；然后还要想办法让这些材料迅

① 哥伦比亚大学位于曼哈顿，而曼哈顿是纽约五个行政区之一。——译注

速达到爆炸所需的“临界质量”，并将它们和引爆装置放入炸弹内。最后几步在美国理论物理学家J. 罗伯特·奥本海默的带领下，由新墨西哥州圣达菲附近的洛斯阿拉莫斯实验室完成。

1945年7月16日，新墨西哥州偏远的阿拉莫戈多导弹靶场执行了三位一体核试，成功引爆第一枚钚型原子弹。美国在8月6日和9日分别向广岛投下一颗铀弹，向长崎投下一颗钚弹，结束了与日本的战争。这是迄今为止头两回也是仅有的两次在战争中使用核武器。

奥本海默之后谈起三位一体核试时提到，这场试验让他想起了印度经典《薄伽梵歌》中毗湿奴的话：“如今我成了死神、世界的毁灭者。”广岛、长崎核弹的爆炸威力相当于1.5万～2万吨TNT炸药，足以造成20多万人员伤亡，并将城市的大部分地区夷为平地，这激起了人们对新原子时代的恐惧和敬畏之情。但之后还有更多的核弹问世。

在美国，费米和另外两位移民物理学家爱德华·泰勒、斯坦尼斯拉夫·乌拉姆构想并设计了一种威力更强大的热核武器，其基础不是核裂变，而是氢同位素的聚变。1952年，美国在太平洋的埃尼威托克环礁进行了首次完全体氢弹试验。它产生的爆炸相当于1 000万吨TNT炸药，美国从此开始大量制造热核武 93
器。三年后，苏联试验了自制的160万吨级氢弹，并在1961年引爆了一枚5 000万吨级氢弹，这是历次测试中最大的。这些武器能用作洲际弹道导弹的弹头跨越大洋，是冷战的基础，使人们担心美苏之间的纠葛毁灭两国，甚至威胁全球气候平衡。

还有一些国家也发展了核武器。根据1968年的《核不扩散条约》，当前只有美国、苏联的继承者俄罗斯、英国、法国和中国允许保有核武器；但印度、巴基斯坦、以色列和朝鲜拥有核武器已众所周知，它们共有大约1.6万枚核武器，而且伊朗显然也一直在尝试着研制。冷战的担忧已经消退，新的担忧又出现了：外交失败、“流氓国家”和恐怖分子可能会带来核毁灭。

这些都是曼哈顿计划复杂遗产中令人痛苦的部分。其积极的一面是，它在美国催生了由十七个国家级实验室组成的网络。这些实验室在完成政府指定的工作外还进行着基础研究；通常，这些研究都是规模庞大的大科学，只有政府才能维持。

丹尼尔·凯夫莱斯在《物理学家》中指出，曼哈顿计划的另一个遗产是让物理学家变得对美国的国家安全至关重要，甚至让他们获得了“影响政策的权力，并在很大程度上依靠信任获得国家资源”。这使物理学，尤其是核物理与高能物理受到了新的重视，迎来了新的繁荣。这份荣光在1993年略有消散，那年美国众议院投票决定停止资助超导超级对撞机，这是一个110亿美元的项目，计划在得克萨斯州建造一座周长87千米的巨型粒子加
94 速器。它的停建为欧洲CERN的大型强子对撞机的运行扫清了道路。大型强子对撞机于2008年开始运行，是世界上功率最高的基本粒子加速器。

除基础研究之外，核科学在军事和地缘政治中也有很重的分量。核武器和物理学本身的遗产已融入文化、艺术和媒体之中。

物理学文化

物理学产生了许多文化影响，这反映了它在社会中的作用。第二次世界大战后不久，原子弹启发了以核破坏为主题的电影。其中一些以科幻的形式表现出或明或暗的核恐惧，这也

许是为了使那些可怕的可能性不那么现实。在《地球停转之日》（1951）里，一位外星访客向人类警告核武器的危险，后末日电影《最后五个人》（1951）讲述的则是核战争的幸存者。《哥斯拉》（1954）和《X放射线》（1954）讲述的都是核试验的辐射造成了变异：一个变成巨大的爬行动物，横扫东京城，一个变成了威胁人类的巨型蚂蚁。

之后，有关核恐怖的电影表现出更加微妙的戏剧性与情感，甚至还有些黑色喜剧的味道。《在海滩上》（1959）表现了全球核混战之后，人类无可救药地等待着终结的情景。《广岛之恋》（1959）是法国新浪潮电影的经典作品，它最初是当作纪录片拍的，导演阿兰·雷斯奈斯将它转变为在广岛毁灭的背景下，法国女演员与日本建筑师之间短暂的爱情故事。斯坦利·库布里克的《奇爱博士》（1964）和西德尼·卢梅特的《核子战争》（1964）反映了人们对核冲突的深切担忧，前者是讽刺性的（图12），后者是严肃的。现实因素也出现在《中国综合征》（1979）中，它讲述了一场核电站事故，就像之后在三里岛、切尔诺贝利和福岛发生 95
的那样。《胖子与小男孩》（1989）则虚构了制造原子弹的故事。

原子弹的遗产也在表演艺术中延续，即英国作家迈克尔·弗赖恩的舞台剧《哥本哈根》。自1998年在伦敦国家剧院首演以来，它在其他地方共计演出了1 400场，并在2000年赢得了百老汇托尼奖的最佳戏剧奖。这部惊人的戏剧杰作是一部极简主义戏剧，三名角色在空荡荡的舞台上谈论物理学及其对人类的影响。他们都取自现实中的人物，分别是量子力学的创始人之一、丹麦物理学家尼尔斯·玻尔，玻尔的妻子玛格丽特，和提出了不确定性原理、参与了德国原子弹项目的沃纳·海森堡。海森堡

图12　在斯坦利·库布里克的核滑稽剧《奇爱博士》(1964) 中，一名美国空军军官乘坐的氢弹意外掉落到了苏联

实际上在1941年去哥本哈根拜访了玻尔。《哥本哈根》是弗赖恩
96 对他们讨论制造原子弹及其影响的想象重构。

核时代在2005年获得了更深的文化认同，当时旧金山歌剧院首演了美国作曲家约翰·亚当斯作曲、彼得·塞拉斯编剧的歌剧《原子医生》，该剧以奥本海默、泰勒等人为角色探讨了三位一体核试。

物理学偶像

物理学的文化遗产不只原子弹一个，它还为我们的时代带来了一个个知识分子偶像。1919年日食的报道证实了爱因斯坦的广义相对论，他的名望随之与日俱增。物理学家认为他和牛顿是有史以来最伟大的物理学家，而对公众来说，“爱因斯坦”是

“超凡天才”的同义词。谷歌搜索“爱因斯坦”能得到一亿多条结果，在庞大的谷歌图书数据库中，他的名字出现的频率比其他任何科学家都高。

已故的英国理论物理学家斯蒂芬·霍金是另一位偶像物理学家。他的畅销书《时间简史：从大爆炸到黑洞》（1988）售出一千多万本。他的科学地位来自理论方面的见解：“霍金辐射”可以从黑洞中逃脱。这一成就在他与肌萎缩性侧索硬化症的斗争面前更显卓著。这种神经肌肉疾病使他无法控制几乎一切身体运动，将他困在了轮椅上。但霍金的思想完好无损，这使他成为智慧之胜利、意志克服严重身体残疾的象征。

两位物理学家在通俗文化中都有突出表现。爱因斯坦的生平启发了美国作曲家菲利普·格拉斯创作歌剧《海滩上的爱因斯坦》。该剧于1976年首演，之后多次复演。在电影《爱神有约》（1994）中，沃尔特·马修扮演了一个机敏、睿智、友善的爱因斯坦。电影《万物理论》（2014）展现了霍金的生活和工作，该片为霍金的扮演者埃迪·雷德梅恩赢得了奥斯卡奖。霍金还在《星际迷航：下一代》《辛普森一家》和《生活大爆炸》中客串，让电视观众倍感欣喜。爱因斯坦和霍金的成就也塑造了聪明物理学家的媒体形象，比如《生活大爆炸》中的理论家谢尔顿·库珀（吉姆·帕森斯饰）这类虚构人物——尽管在聪明之余，库珀还为搞笑而展现了卡通片式的古怪和社交无能。

两位物理学家的相关思想也成为常识。爱因斯坦的$E = mc^2$或许是物理学中除牛顿方程$F = ma$外最著名的方程。在流行文化中，任何事物都不能超过光速也成为理所当然的事实。例如，在一件印着打扮成摩托车警察的爱因斯坦T恤上，他告诫我们遵守18.6万英里每秒的宇宙极限速度。科幻小说发明看似合理的手段使航天器超光速前进（例如“星际迷航”系列中的“曲率驱动”），以此来向这一定律致敬。

爱因斯坦和霍金还与吸引普通大众的另外两个物理学思想有关，分别是黑洞和量子物理。爱因斯坦的广义相对论预言了黑洞［还有虫洞，即两个连接起来的黑洞，它们形成了穿越时空的理论捷径，仿佛中间没有距离，这是电影《星际穿越》（2014）中一个主要的情节元素］。霍金的科学声誉来自他对黑洞的量子分析。量子物理本身就是流行文化的一部分：人们都知道海森堡的不确定性原理和薛定谔的猫。

一些通俗作品尝试将量子物理与其他认知方式联系起来。弗里特霍夫·卡普拉的《物理学之道》（1975）将现代物理学与
98 东方神秘主义做了多方面的比较。它是一本颇有影响力的畅销书，但遭到了诺贝尔奖得主莱昂·莱德曼等物理学家的批评。其他作品让我们进入了缺乏科学严谨性或被物理学家斥责为伪科学、“打量子牌”的“新时代”思想。例如，迪帕克·乔普拉的《量子治疗》（1989）断言量子现象会影响人类的健康和福祉，而电影《我们到底知道多少》（2004）则误导观众说量子物理可以让人用思维控制现实。

物理学在大众文化中的呈现方式会影响人们对科学的普遍认识和对这门学科的信任，进而影响对一切科学的信任。反过来，物理学也影响了媒体本身，至少在视觉艺术方面如此。

艺术的工具

随着艺术家开始采用基于物理学的方法，视觉艺术诞生并

促进了一些重要的趋势。1807年，英国医生兼研究者威廉·海德·沃拉斯顿申请了“亮室”（拉丁语*camera lucida*，意为“明亮的房间”）的专利，辅助艺术家。它有根支架，安装着以特定角度切割的玻璃棱镜，可以让艺术家在纸上对着场景描绘出正确的副本，场景的像是正的且光线正常，不会像“暗室”那样上下颠倒且昏暗（本质上是针孔照相机）。亮室反过来又启发了威廉·福克斯·塔尔博特和路易·达盖尔研发在纸上保存或“固定”图像的化学方法，由此诞生了1840年代的摄影术。

后来各种人造光源出现，艺术家将它们组合，用光来作画。1960年代，美国艺术家丹·弗拉文用标准荧光灯画出了微妙的彩色弧光。最近，美国艺术家詹姆斯·特瑞尔利用荧光灯光
均匀的特点，搭建出立体感明显的三维光；丹麦艺术家奥拉维 99
尔·埃里亚森也在其维也纳的室外装置《黄雾》（2008）等作品中使用了荧光灯。

艺术家甚至更热切地接受新型光源。1960年激光发明后不久，这种能够产生定向纯色光的新工具就被运用在了美学雕塑装置中，例如1971年洛杉矶县艺术博物馆的“艺术与技术”展览，这场展览产生了巨大的影响。激光也很快给摇滚音乐会等场所带来了壮观的灯光表演，现在又在保存艺术品和精确复制艺术品方面（用于存档和展示）有了新用途。

艺术家最新的革新来自发光二极管（LED）。LED灯与白炽灯和荧光灯不同，可以通过计算机即时打开和关闭，因此很适合动态艺术品。一个例子是里奥·维拉瑞尔的大型现代装置《多重宇宙》（2008），用4万多个白色LED灯组成的阵列包住通往华盛顿特区国家美术馆的61米长的游客通道（图13）。LED

图13 华盛顿特区国家美术馆外里奥·维拉瑞尔的现代装置《多重宇
100 宙》,使用了上万个白色LED灯

灯经过编程，呈现出千变万化的壮观图案，让游客觉得自己正在太空的恒星和星系中穿梭。

物理学的重要性

从美学用途到战争中发挥的作用，物理学及其支撑的技术以各种方式影响着我们的社会，其中一些与人类生存息息相关，比如核武器。除了这些影响外，存在一门成就斐然的物理学科这件事本身对我们当今社会就有着特殊的意义，因为当前的科学似乎正在失去普通公民的信任。从否认全球变暖是人为造成、否定生物进化到反疫苗运动，再到对转基因作物的敌视，许多科学领域都不那么被人信任，或是遭受攻击。

物理学作为一门源远流长的科学，有爱因斯坦等著名的思想家和牢固的理论基础，并能为实验室和社会中的问题提供清晰的答案，这样看，它是成功的。这不是说它的诸多成果（例如核武器）无须让社会来认真权衡——它们确实需要，而是说物理学是一门行之有效的科学。然而，它的成功并不意味着它找到了我们对自然或是其自身应用的所有问题的答案。 101

第六章

未来的物理学：尚待解答的问题

站在21世纪初，20世纪犹在眼前的时刻，我们看到了类似物理学早期遇到的场景。就像从19世纪进入20世纪之际一样，今天的物理学可以回顾从微观到宏观、各种尺度下的近期突破，回顾从理论到应用的所有运用，例如发现预言中的希格斯玻色子、意外发现暗物质，回顾在探索太空、发现地外行星、审视我们的地球方面取得的成功，回顾在新的电子技术和光子技术上取得的成就，以及在生物物理学方面用来探究生命系统和我们自己的新工具。

这些结果表明，物理学一直在加深我们对自然的理解，影响我们的生活方式，并在解决旧问题的同时提出新问题。一百年前，这些新问题里有一些明确的问题，如“承载电磁波的以太是什么？”“光子是真实的吗？”，人类也一直在提出更广大的问题，如“宇宙是如何开始的？”“宇宙会怎样终结？”“其他地方存在生命吗？”。20、21世纪的物理学研究已经回答了那些明确的问题，并至少为那些更广大的问题给出了初步解答。

启发当今研究及其未来的问题则来自那些结果，如“标准模 102
型的背后是什么？”之类的问题，使人们更好地理解自然；其他如“我们如何生产更清洁的能源？”等问题，我们希望其答案可以改善人类的生存状况。

21世纪的物理学

对于第一类问题，物理学家撰写了大量有关粒子物理学、宇宙学等学科的现状与未来的文献。美国全国科学研究委员会2001年的报告《新时代的物理学》的视野则更加广阔。报告由一群杰出科学家组成的小组写成，讨论了“物理学前沿”和“物理学与社会”两个课题，前者涵盖宇宙如何演化等重大问题，后者探讨了物理学在生物医学、能源与环境、国家安全等领域的地位和未来。在这个框架下，我们可以看到21世纪初以来物理学的发展情况，探究物理学家当前提出的问题，并思考物理学的下一步将走向何方。

委员会报告中讨论的两个意外的物理发现，在2001年之后变得更加重要，因为我们认识到它们在宇宙中有重大意义：一个是发现了一种新实体“暗物质”，它既不发射电磁辐射，也不与电磁辐射相互作用，因此肉眼、红外线、无线电波等都看不见它；另一个发现是宇宙在加速膨胀，它之后与未知的“暗能量”联系在一起，暗能量就像负压力，将组成宇宙的各个星系相互推开。

与暗物质和暗能量不同，2001年之后另有两大物理学成果早已为理论提出。一个是2012年发现的希格斯玻色子，由标准模型预言，这个结果既验证了标准模型，也阐明了它所欠缺之处。另一个成果是进一步证实了另一门基本理论——广义相对

论的预测，并提供了探索宇宙的新工具。它就是2015年LIGO
103 首次观测到的引力波，此后它又做了其他观测。

暗宇宙

虽然暗物质和暗能量对于宇宙如何运转至关重要，但尽管有许多深入研究，它们仍然是个谜。暗物质首先是通过引力作用间接发现的。较早的天文数据暗示存在不可见的宇宙物质，之后在1970年代，美国天文学家薇拉·鲁宾注意到了旋涡星系（比如我们的银河系）的一些异常现象。和任何旋转物体一样，这些巨大的风车会将内部没有牢牢固定住的部分甩出去——在旋涡星系中，固定靠的是星系全体的引力，取决于质量。鲁宾发现，要使星系边缘的恒星不飞走，所需物质的量必须比实际观测到的物质高出许多倍，这是暗物质的第一个可靠迹象。

暗能量也被间接发现了。1998年，天文学家发现某些数十亿光年之外的超新星（恒星垂死时发生的巨大爆炸）比预期的要暗，这说明它们与我们的距离比膨胀宇宙（大爆炸的结果）理论得到的距离更远。新数据表明膨胀率在增长，极大地出乎了人们的意料，人们本以为宇宙质量产生的引力最终会减慢或逆转膨胀，新数据则与之相反。

爱因斯坦在1917年就思考过这样的力，当时他在广义相对论中添加了一项“宇宙常数”，它有些类似反引力，会将星系推开，使宇宙免于坍缩。但哈勃证明了宇宙确实在膨胀，于是爱因斯坦便放弃了这个想法，后来他称之为自己“最大的错误”。1998年发现的加速膨胀让宇宙常数这类概念重新抬头，并被冠
104 上了暗能量的名字。

2003年，NASA的威尔金森微波各向异性探测器检测了宇宙微波背景，以此探测早期宇宙，为暗宇宙提供了更有力的证据。随后欧洲航天局在2009年发射的普朗克卫星也对宇宙微波背景做了更精细的研究。普朗克卫星的结果表明，在宇宙质能构成中，普通物质只占5%，相比之下暗物质占26%，暗能量占69%，二者一共占据宇宙质能总量的95%。这几个比例确立了宇宙学的"标准模型"，它成功描述了宇宙的许多特征，包括加速膨胀和星系分布，并将宇宙年龄定为138亿年。

这几个比例也令人震撼：人类花费这么大的力气，也只检查了现实的一小部分，而对其余部分（例如暗能量的来源）一无所知。一个猜想是进入量子尺度，认为暗能量其实是所谓的"真空能"，由遍布整个空间、随机出现和消失的虚基本粒子群产生。真空能会随宇宙变大而增加，推动宇宙以越来越快的速度膨胀。

这是一个有吸引力的方案，但和数据对不上。计算得出的真空能，是解释原始超新星数据、由此发现暗能量所需的真空能的10^{60}倍。根据多重宇宙理论，这个巨大差异可以解释为我们的宇宙恰好具有非常小的真空能。不过这个论点也说明，如果可以简单地声称物理学在不同的宇宙各不相同，那么要得到确定答案是很困难的。也有可能宇宙又进入了一个快速膨胀时期——我们认为大爆炸之后不久就是如此，或者引力理论在宇宙的大尺度下需要修正。对此我们完全不知道答案。 105

暗物质也带出了自己的问题。我们认为标准模型描述了构成物质的所有成分——夸克、轻子（包括电子、μ子、τ子和中微子）、希格斯玻色子（见图8）。它们的属性都和暗物质对不上，因此标准模型需要一种新粒子。有天文学证据支持的首选是所谓的弱相互作用大质量粒子（WIMP），它基本上不会影响普通物质。

尽管有一些诱人的暗示，但三十年来寻找这类粒子确切证据的实验都徒劳无功，包括意大利和中国团队的最新结果。这使得暗物质研究令人心生疑窦，物理学家正在考虑其他可能。一种是给标准模型添加一个“暗区”，由一组新粒子和作用力组成，它们与已知粒子和作用力有微弱的联系。例如，暗光子和暗希格斯玻色子会在它们的常规对应粒子中偶尔出现。另一个建议是假设希格斯玻色子能分解成光子和暗物质粒子，这样就可以检测到；但截至2018年夏季，大型强子对撞机对希格斯玻色子的探测都表明它会衰变成两个“底”夸克（见图8），这是标准模型的预测，没有任何暗物质粒子的迹象。

更加深入微观、介观和宏观

即使没有暗物质和暗能量的扰乱，粒子物理学的标准模型也需要修改。尽管它是理解宇宙的重要一步，但它无法描述暗物质和暗能量，并且排除了引力。

它还有结构上的问题。夸克和轻子分三“代”出现，具有相同的量子性质和电荷，但质量大相径庭（见图8）。电子、μ子和τ子除质量悬殊外都相同，电子和τ粒子的质量相差了3 000多倍。
106 六个夸克也分成两组，每组三代，质量相差极大。尽管标准模型将中微子的质量设为零，但实际上我们发现了三种中微子，它们的（非常小的）质量也各不相同。另一个困难是，希格斯玻色子的测量质量远小于标准模型所依据的量子理论得到的质量。我们根本解释不了为什么这些基本粒子具有这些质量。

此外，CERN的近期结果似乎表明，一种名为B介子的粒子的特性与标准模型的预测不同。希望这只是一个表面上的缺陷，可以引出一个更好的理论。日本筑波的日本高能加速器研究组织正在对B介子的特性进行高精度的测量。此外还有由反粒子（例如正电子）构成的反物质。根据大爆炸理论，宇宙诞生伊始创造的物质和反物质的数量相同，但今天我们很少碰到反物质，这件事标准模型没有给出解释。

标准模型的这类瑕疵让CERN等机构的数千名物理学家继续收集数据，提出新理论。研究者认为，标准模型只是某个更深层理论的近似物，应用那个理论需要的高能量出现在早期宇宙中，我们在实验室中还达不到。人们希望在更高能量的实验中发现超对称预测的新粒子（超对称是为解决标准模型许多问题而提出的一种理论），但到目前为止，我们尚未发现这种粒子。许多关注这个领域的人认为这是高能物理学的一场危机。

为完善粒子物理研究，LIGO（位于美国两处地点）和意大利类似的室女座系统（由欧洲的一个财团运营）带来了新的天体物理学。两者都使用数千米长的激光装置来检测时空中极其微小的波动，它们是宇宙事件产生的引力波在经过地球时造成 107
的。LIGO在2015年首次探测到这些波动后便与室女座合作，实行引力波天文学的新技术。它们在2017年秋展现了惊人的能力，两个系统都探测到了两个中子星相撞产生的引力波。中子星是一定大小的恒星在超新星爆发后留下的致密核。

这次相撞与LIGO最初探测到的黑洞事件不同，它还产生了电磁波，首先检测到的是伽马射线。然后该事件被精确地定位到了长蛇座内的某个星系，全世界大约70家天文台通过它发射的可见光、X射线和无线电波观测到了它。电磁力和引力的双重分析表明，中子星之间的碰撞会引起极为强大的宇宙伽马射线爆发，这种爆发我们先前就已经知道了；它们的碰撞还会产生金等比铁更重的元素，而之前我们认为它们来自单个恒星的塌缩。这些结果和得到它们的联合观测都入选了2017年年度科学突破。

除了遥远的宇宙事件外，我们也一直在研究太阳系内的邻居，比如NASA的“朱诺号”飞船就在研究木星的大气动力学。继哈勃望远镜之后，更大的詹姆斯·韦伯太空望远镜会在2021年发射[①]，它除了观测遥远的宇宙物体外，也会观测太阳系（图14）。我们在太阳系的不同地点发现了水，此外，2018年初NASA的一台火星车还探测到火星表面之下存在水冰。还有2018年夏季，欧洲航天局科学家通报了雷达观测到的一个咸水湖，它位于火星南极下方，直径20千米——这对人类探索火星的
108 可能未来以及发现火星生命等都是重要成果。

NASA地球观测系统的太空卫星也在持续探索我们的星球。而与此同时，地球物理方法则探测它的动力学与结构。德国慕尼黑附近的地震旋转运动装置计划使用环形激光器，其中激光在装置内分成两束，以相反的方向沿闭合环路传播，然后再重新组合。装置随地球在空间旋转时，沿旋转方向和逆旋转方向移动的光束所经过的距离会有细微的差距，从而产生一个与旋转速度有关的相位差。装置将测量地球一天时长、地球自旋轴的偏角，以及地震引起的地面运动和内部扭转的微小变化。

① 最终于2021年12月25日发射升空。——译注

图14　NASA计划在2021年发射詹姆斯·韦伯太空望远镜

它还可以测量地球自转的“惯性系拖曳”效应（这个效应是广义相对论的预测，指旋转的物体会扭曲附近的时空），从而完善相对论。

量子是什么？重要吗？

宇宙的结构与其量子性质的密切联系提醒我们，自然的所
有层次实际上都是相互联系的。因此，为了更好地理解和运用 109
量子物理，我们来继续研究量子本身。尽管量子理论在上个世纪已经令人信服地证明了自己有效，但它仍是一个谜团。2011年，瑞士量子实验家安东·蔡林格与其同事向33位物理学家、哲学家和数学家询问了16个问题，它们都涉及基本的量子概念，比如量子理论明显支持的自然随机性。没有一道多选题的答案是所有人都认同的，许多问题引出了不同的观点。

大家没有一个统一的理解，表明量子物理需要在各种思想的碎片中形成一个更好的基础。例如，薛定谔方程就是一个有用的直观猜测。一些理论家正在寻找各种方法，要将量子理论置于更牢固、更清晰的基础之上，他们从这样的公理出发：将理论视为概率问题或不同参考系的信息转化问题。研究人员的确根据这样的公理推导出了量子特性，但他们还没有遇到“灵光一闪”的一刻，即美国理论家约翰·惠勒认为我们“不通过质疑量子，而是通过发现需要量子的非常简单的想法”可能找到的一刻。

同时，新的实验也在探索那些我们即使没有充分理解也能运用的奇特的量子现象。非经典量子叠加是量子位比标准计算机位能承载更多信息的原因。此类现象还有纠缠，即两个量子粒子（例如电子或光子）一旦发生相互作用，就会保持联系的现象。即使它们相距很远，但一旦测量其中一个粒子的性质，另一个粒子也会立即超越空间做出响应，爱因斯坦将这个结果称为“鬼魅般的超距作用”。

我们可以用两个光子量子位来解释纠缠。已知它们极化方
110 向相反，一个水平，一个垂直（代表数位0和1）。但我们不知道光子各自的极化方向，因为在实际测量得到确定值之前，两种结果都有可能。但在测量（比如）光子A的瞬间，无论结果如何，测量光子B都能看到它立即取了另一个值。无论B的位置有多远都如此，量子信息仿佛通过某个未知通道从A传给B，速度比光还快。

尽管这种特性非常奇怪、难以理解，但我们仍然可以利用纠缠量子位提供额外的数据存储和数据流，实现更快的量子计算。它们还可以防止叠加损失及其带来的数据丢失，因为纠缠被破

坏时，我们能立即检测到错误。

这种奇特的量子效应得到了积极的应用与支持。在美国，除前文提到的20量子比特的IBM计算机外，IBM还计划在不久的将来推出50量子比特的计算机。谷歌也在研究量子计算，而在美国政府各机构中，美国能源部承诺为这项技术投资4 000万美元。在世界其他地方，欧盟委员会宣布了一项10亿欧元的量子技术项目，中国科学家在量子研究方面则尤其活跃。

位于合肥的中国科学技术大学的潘建伟小组最近在一台量子处理器原型机中让十个量子位同时发生纠缠，并研究了纠缠本身。2017年，该团队确认在目前测量的最大距离上依然能维持纠缠。他们在地表相距1 200千米的两地间发射纠缠的光子，先将光子从第一个位置发到太空卫星，再向下发到第二个位置。让光子穿过空间而不是用光纤或直接露天在两地间发送光子的优点是，真空对光子的量子态干扰较小。潘建伟小组还证明，使 111
用纠缠光子量子位的卫星网络可以提供特别安全的全球通信，因为第三方的任何干扰都会破坏纠缠。

迈向量子引力

卫星测量也为研究量子效应与引力的相互作用提供了独特的机会，因为纠缠的光子会穿过地球和卫星之间变化的引力场。一项呈递给欧洲航天局的提议近日通过了可行性研究，它计划在国际空间站开展量子纠缠空间测试，将于2020年代初启动。这是能够利用现有技术同时检验量子力学和广义相对论的少数实验之一，可以为量子引力理论提供线索。

由于最近的一些成果展示了量子物理与广义相对论的诱

人联系并预言了虫洞现象，因此测量空间中的纠缠变得更加重要。我们尚未发现虫洞；但在2013年，阿根廷理论物理学家胡安·马尔达塞纳和美国理论家伦纳德·苏斯金德证明，虫洞末端的两个黑洞就像是两个纠缠的量子物体一样，这说明纠缠可以制造时空结构。一些理论家更进一步，认为纠缠或许创造了时空本身并由此产生引力，尽管诸多细节尚待理解。

得到量子引力终极理论的正确方法可能出人意料，那就是将引力论的思想与量子比的思想，以及量子比在信息传递中的作用相结合。一个名为“自量子比而来”的计划就遵循了这一
112 策略，它将这些领域的顶尖理论家聚集起来，集中力量发展量子引力论。

任何以空间中的明确测量为根据的方法都可以打消不经实验验证就接受“后经验”理论的提议。之后，我们可以自信地进入“后现代物理学”时代，使用经受了良好检验的工具，带我们认识量子引力，带来对于自然的新见解。

能量的挑战

量子引力是纯物理学中的难题，实用量子计算则是应用物理学中的难题，但不是唯一一个。自1950年代以来，物理学家一直在尝试用核聚变产生清洁、丰富的能量。这相当于在地球上制造受控的人造恒星，其中氢核碰撞聚变成氦核，根据 $E = mc^2$ 将质量转变为能量。因为带正电的氢核（即质子）会相互排斥，它们只有在几千万度的高温下获得动能才会聚变。没有任何物质结构能容纳这么热的等离子体，因此我们的方法是使用托卡马克（来自俄语缩写）——一种大型的甜甜圈状仪器，用磁场使

热等离子体远离包围它的外壁。

如今还没有一台托卡马克能产生盈余的能量，或将聚变维持一小段时间。法国的国际热核聚变实验堆计划目前正在建造一座巨型反应堆。它位于一栋60米高的建筑内，目标是成为第一座磁场约束型反应堆，产出超过加热等离子体所需的能量。它计划用氘和氚（原子核中分别具有一个和两个中子的氢同位素）的稳定核反应产生500兆瓦电量。但是，这个计划超支数十
亿美元，并且比最初的进度落后好几年，这让它改变了管理方 113
式，也让一些成员国信心受挫。即使按现在的计划在2035年实现第一个目标，它要做的也不是将其产生的能量转换为电能，而这是迈向实用电力的下一个重要步骤。

第二种方法是惯性约束，将氢同位素置于毫米级的容器中，接受国家点火装置内192个聚焦激光器产生的极强照射，从而引发聚变。经过多年努力，结果至今仍令人失望。2016年，美国能源部资助的一份报告对该项目是否能实现聚变提出了质疑。当时，美国能源部已向国家点火装置投入了30亿美元（该资金也用在了收集核武器数据的实验上）。

前有氢聚变实用化在科学上的不确定，后有几十年的失败可能会消磨政府的支持力度，热核聚变实验堆和国家点火装置近期做出成果的前景自然一片黯淡。不过，研究者也在考虑其他方法。几家私营企业筹措资金，设计研发更小、更廉价的聚变反应堆。某私营公司与麻省理工学院达成合作，计划在15年内生产聚变能。

另一种清洁能源——太阳能的发展程度更高，因为将太阳光转化为电能的光伏转换早已投产使用了。根据《科学》杂志

近期的一份报告，光伏电池提供的太阳能最终可能会比目前世界消耗的能量更多。现在虽然有一些大型的太阳能装置，但在2015年全世界生产的约7太瓦（1太瓦=1 000吉瓦 = 10^{12}瓦）电能中，它们总共只占3%（图15）。但报告估计，随着太阳能电池迅速普及，合理预测其效率将更高、成本将更低，光伏到2030年
114 底的发电量可能会达到数太瓦。

无论世界如何生产能源，光和半导体的物理原理都将有助于节约能源，就像LED取代传统光源那样，这也是LED通向商业成功之路。LED光源最初非常昂贵，但从2008年到2013年，其价格降低了85%。再加上LED寿命长因而能节省成本，这使它极具吸引力。据美国能源部报告，在美国，LED在普通照明用具中的使用量从2014年的3%跃升至2016年的13%。美国能源部预测，到2027年底，美国的照明能源将节省50%，减少的温室

图15　中国的大规模光伏设施

气体排放将令全球受益。当然，能源需求的完整答案肯定是将清洁能源与更高的效率相结合。

材料文化

另一种更好地使用能量的途径是超导，即某些金属等材料在低温下会完全失去电阻的现象。电流通过超导体时，不会有任何能量变成热量浪费掉。这种节省赋予超导线圈不可估量的价值，因为可以在电磁体中用它们承载高强度电流，产生核磁共 115
振成像与核聚变所需的强磁场，以此控制大型强子对撞机中加速的带电粒子。这类特殊用途下的超导磁体须用液氦冷却至4开尔文。

超导体在远距离输电线路和强力电磁体等方面也很有价值，可以不浪费能量、撑起无摩擦的磁悬浮列车——但这些大型应用不可能用稀有、昂贵的液氦来冷却。即使是1986年发现的最好的高温超导体，也须冷却至133开尔文（零下140摄氏度），依然是个不现实的温度——虽然在2015年，研究者发现了另一种化合物，能够在203开尔文（零下70摄氏度）的温度下超导，但只有在高压下才行。研究者继续探索着这类材料，以期找到一种在常温常压下可用的超导体。

其他新材料带来了更多技术潜力。其中一类被称为拓扑材料，展现了数学在物理分析中的作用。拓扑学是数学的一支，分析形状在平滑形变后依然保留的空间性质。以甜甜圈为例，不论怎么拉伸和扭曲，只要不把它掰开或揉作一团，它都只有一个孔洞。这与物理学的联系似乎颇为牵强，但物理学家在1980年代发现，用拓扑数学分析物质的量子特性，能够获得对于物质的新认识。这项工作以2016年诺贝尔物理学奖为顶峰，理论家戴维·索利斯、迈克尔·科斯特立茨和邓肯·霍尔丹因“物质的拓扑相”方面的工作而获奖。

研究者用这种方法解释了固体中令人费解的量子效应，并
116 发现了奇特的新材料，比如一种内部不通电流，却在表面负载电流的电绝缘体，一种电子在遇到微观障碍前会急速移动的“半金属”，还有一种只在一个方向透光的材料等。可以预计，这些效应将启发更小、更快的电子组件问世，其中会有量子计算机必不可少的设备、更高效的光纤网络等。

一些特殊材料是纳米技术主要工作的重要组分。一类以碳元素为基础。碳原子会以不同的分子构型键合，呈现出不同的形式，称为同素异形体。例如，石墨烯就是以六方晶格排列的二维单层碳原子。石墨烯用途广泛，这个特点使它成为由欧洲委员会资助的一个10亿欧元项目的主题。碳原子还另外组成三维形式，称为巴基球或富勒烯，因为它看起来像美国建筑师巴克敏斯特·富勒设计的短程线穹顶。碳的同素异形体还有碳纳米管，它是卷成长空心管状的石墨烯，直径只有几纳米，即几个氢原子排成一排那么长（图16）。

碳纳米管是单分子，具有一些不同寻常的属性。它们是有史以来最坚固、最硬的材料，其电学特性会根据柱体周围原子的排列方式而变化，并且能够强烈地吸收电磁辐射。它们的应用范围包括材料增强、制造导电塑料、电池改进，还有一些光学用途。有家企业将碳纳米管像小树林一样竖直排列在一块平面上，制作出有史以来“最黑的黑色”。它能吸收99.6%的可见光等一切照射它的电磁辐射，可用于隐形飞机，使雷达探测不到。

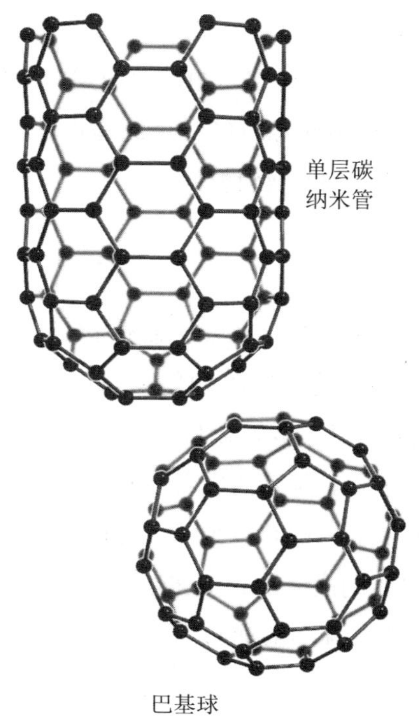

图16　碳原子构成名为纳米管的纳米级圆柱体和短程线穹顶状的巴基球（又叫富勒烯）

（此外，研究者最近运用电磁理论和光子技术设计出了“隐身设
备”，可以使小物体在普通人眼前消失，这是目前距离哈利·波 117
特的隐形斗篷最近的科学成果。）

其他应用来自半导体和金属，它们构成直径通常不超过10纳米的纳米颗粒时，会呈现新的量子效应。例如，半导体硒化镉在受激后会发出波长710纳米的红光。但把它制成“量子点”，即直径2～8纳米的小球形后，它的带隙会随尺寸变化，并可以发出480～650纳米的光，即蓝光到红光。同样，金和银的纳

米颗粒也会根据尺寸吸收特定波长的光。半导体量子点正在
118 LED、激光光源、光探测器、光伏电池等应用中大显身手。不过，
它和碳纳米管、金属纳米颗粒的最新或许也是最重要的长远发
展领域，当属生物医学和生物物理学。

吞下内科医生

理查德·费曼在1959年做《底部还有足够空间》的演讲时，将纳米技术的一项可能作用称为“吞下外科医生”。他的意思是，有朝一日人们会吞下亚显微机器人（“纳米机器人”），在体内的特定部位做手术。尽管研究者不断开发出微型电动机来驱动分子大小的机器，让它们穿梭于人体的血管和器官中（德国的一个研究小组就制成了一台毫米级的纳米机器人原型机，可以用磁场控制其在人体中移动），但费曼说的那类装置仍遥遥无期。不过，我们更接近的是“吞下内科医生”，即吞下能够诊断和处理病症的纳米颗粒，但不做手术。

在结合物理学、化学和生物医学的应用中，由不参与反应的金和银、无毒的半导体或碳纳米管制成的纳米颗粒、空心纳米结构等，可以将药物携带到身体的特定部位，治疗癌症之类的疾病。研究者利用纳米颗粒可调节的光学特点，正在尽力创造“智能”的传输系统，使载有药物的纳米颗粒在激光触发下释放它们的“货物”。半导体量子点也为医学成像带来了新方法：将量子点包覆，使其与体内特定的蛋白质或特定类型的细胞结合；然后，用紫外线激活它们，使之在能够穿透身体组织的红外波段发光。光到达外部检测器后，会提供内部结构（如肿瘤）的诊断图
119 像。这些方法已经用小白鼠成功测试，即将进入临床检验。

除医疗用途外，纳米颗粒还带给我们几个检验基本生物过程的新方法。举一个例子，2003年，波尔多大学的物理学家卜拉欣·卢尼与同事将一粒5纳米的金纳米颗粒附着在一个蛋白质分子上。之后，他们用绿色激光束加热金颗粒，红色激光束检测金颗粒附近光学性质的变化，便可以随分子在活细胞中游荡，追踪该分子的动态。

物理学或许还可以给出各种概念框架来解决生物医学中的广大问题。以癌症治疗中出现的情况为例，我们认为物理和网络理论有助于解释癌症转移，即癌症从局部肿瘤扩散到全身的过程。这个领域正在进行初步研究。

回答远古的问题

我们希望并期待特定领域（如暗物质、标准模型、聚变能和新材料）中正在进行的研究能够回答物理学的重大问题。从更广阔的视角，我们看到我们也逐渐回答了一些人类最古老的问题。

早期的希腊思想家和各个文化的神话创造者都对世界的诞生与终结有着许多想法。现在，小与大的理论——标准模型和广义相对论的结合，为宇宙的诞生、演变，也许还有它的未来，给出了大致的轮廓，尽管要填补的东西仍有很多，比如暗物质的性质等。

根据大爆炸理论和广义相对论，宇宙的故事起始于一个奇点，那是一个密度无限大、温度极高的点。我们已知的一切物理学原理在这样的环境下都失效了，物理学或许永远都无法确定
创生的精确瞬间，或是检验创生之前的事情。因为这种缺失，许 120

多人觉得科学叙事不如上帝一句“要有光”，然后就形成宇宙的故事有吸引力；而且也不是每个人都会在基于物理学的起源故事中找到个人存在的意义。对那些人而言，这种意义着实只能求诸宗教或哲学；而对其他人来说，物理学对宇宙以及我们在宇宙中的位置的看法，为有意义的理解提供了最佳途径。

人们对“我们在宇宙中孤单吗？”这个问题也有着长久的兴趣。对此我们还给不出明确的答案，但自20世纪末之后，我们在太阳系中发现了比我们过去认为的更多的水，它们的存在之处也令人意想不到，比如木星卫星、土星卫星和火星的表面之下等；我们发现了其他可能存在类地行星的恒星系，比如Trappist1中有七颗行星，距离我们39光年；2018年，研究者报告称NASA的“好奇号”火星车用探钻打入火星表面，发现了复杂的有机化合物——这些化合物很可能表明那里曾经存在生命。有了这些新信息，我们必须得出结论，在其他地方找到曾存或现存生命的概率大大增加了。

我们对早期希腊人的另一个问题——物质由什么构成——也有了更多了解。德谟克利特支持原子论，而亚里士多德认为世界由土、气、火、水四种元素构成，天体则由不同的东西——以太构成。如今，现代解释支持还原论的原子论，并给出了下到夸克层次，上至凝聚态物质等奇异物质形态的进一步解释；但亚里士多德也并非完全错误。我们像他一样仰望天空，也发现了一种明显异乎寻常的物质形式，我们还没有在地球范围内找到暗物质。

诚然，相比我们现在所说的“科学”思想，德谟克利特和亚里士多德思想的推测性质更多，但推测在物理学的未来发展中

仍将发挥有意义的作用——例如在探索宇宙的过程中找到一种 121
超越光速的方法。诚然，相对论绝对禁止高速飞船超光速，而在数学上虽然有可能产生有效速度大于光速的虫洞，但我们还没有发现任何虫洞，也不知道如何在现实中使用虫洞。

但是，对于这些可能性的思考与理论化，最终总应由实验来验证，而不应该排除在物理的想象之外。我们在机缘巧合方面的经验，从发现X射线到发现宇宙微波背景辐射、“蝴蝶效应”、暗能量等等，应该让我们相信，我们永远不知道下一次灵光乍现会如何到来，又在何时到来。

早期希腊人不那么感兴趣的东西如今在物理学影响世界方面发挥着重要作用——我指的是运用物理学原理得到人们使用的技术。我已经讨论了物理学在社会中的正负两面，从恐怖的核战争到和平利用核聚变与太阳能，以及物理学在生物医学中的良性应用。这些社会交互只会不断增加，从事与技术相关的应用与为企业工作的物理学家的人数之多已经证明了这一点。

大多数技术都将造福人类，或至少带来中性影响，但物理学家在核武器和一般战争中的特殊的历史作用，应当让他们保持敏感。生物医学界正在探讨人类基因工程的伦理影响，尽管这项技术甚至还没有完全建立。核武器技术已经建立了，但在一个具有新的核威胁的世界中，全球物理学界会很好地思考它的位置，思考物理学家要如何减少这些威胁。

然后是物理学本身作为一种职业的未来（对许多物理学家
来说不只是职业，它还具有使命感）。它的本质是改变，并且应 122
当继续改变，尤其是它偏重男性的特点。更平衡的性别比对物理学和社会大有裨益，如此，实验室中出现女性将成为寻常之事。在社会趋势和美国、英国及其他地方专业的物理学会等团体集中力量的推动下，从事物理学研究的女性人数的确在不断增长，尽管速度不快。在美国，获得物理学博士学位的女性的占比从7%增长到20%，但这花费了从1983年到2012年的29年时间。2013年，一项涵盖整个欧盟的调查显示，在自然科学和工程领域，位列正教授职位的女性仍然只占11%。

不过也有喜人的迹象：还是那份欧盟的调查，表明各领域内女性研究者人数的增长速度比男性研究者的更快。另一个积极的变化是，科学界内针对女性的歧视和性骚扰现在得到了更加严肃的对待，近期美国多所大学和欧洲核子研究中心的案例即为证明。这些趋势表明，尽管性别平等不会在几年内就达到，但随着我们不断向平等待遇努力，世界范围内，物理学——还有所有科学领域中的女性正在走向更公平的地位。

类似的考量也适用于占比较低的少数族裔和民族。各国对他们的定义各不相同，但在美国，他们包含非裔美国人、西裔美国人和美洲原住民。他们在物理学界的人数有所增长，但在2013—2015年获得美国物理学博士学位者中的占比仍不到7%，而这些群体在2010年占美国总人口的30%左右。与对待女性的情况一样，人们展开了新的努力，从这些人群中吸纳更多的物理学家，以促进物理学发展，实现让美国成为一个完全包容的社
123 会的理想——这也是其他民主社会的共同愿望。

国际事业

物理学的另一个变化是它越来越国际化。物理学从其希腊起源开始，就在不同的文化和国家发展成了一门国际学科，或至

少是贯通整个欧洲的学科，1900年在巴黎举行的国际物理学大会即是证明。美国人因为第二次世界大战期间的曼哈顿计划而极大地增强了在物理学上的影响力。战后，美国有能力将资源投入物理学和科学，这是其他受战争破坏的国家做不到的。

如今物理学已在全球蓬勃发展。CERN、国际热核聚变实验堆、欧洲航天局等多国集团展开了一个个重大的研究项目；中国和日本都提出要建造对标大型强子对撞机的仪器；印度空间研究组织计划向月球尚未探索过的南极发送登陆车，并在之后探测火星和金星。中国成为科学大国的速度尤为迅速。美国国家科学基金会近期的一份《科学与工程指标》报告指出，中国目前是美国之下世界上最大的研发支出国。它也产出了数量惊人的研究论文，例如，中国在2016年发表了大约42.6万篇文章，而美国大约是40.9万篇。

国际物理学遵循着科学的优良传统，是人类的一次普遍奋斗；但物理学研究的实力及其支撑的技术也对国家间的经济和军事竞争力、各国公民的福祉产生着重大影响。全球物理学在何处做出变化、如何做出变化，可能会强烈影响未来的地缘政治与国际秩序，理解自然的目标不会完全脱离，也不应该脱离这些社会作用。毕竟，求索需要社会支持，物理学也应该贡献社会。 124

求　索

不过，在政治现实、商业与军事应用之外，物理学（以及所有科学）核心的、纯粹的求索精神自有其深层价值。科学理解之旅与艺术、哲学和宗教同为人类精神的表达，为看似冷漠甚至可怕的宇宙寻找合理的解释。

最伟大的物理学家都懂得这些。艾萨克·牛顿告诉我们，他就像一个在海边玩耍的小男孩，“面前则是完全有待探索的真理之海”。来自玛丽·居里的一句名言表达了她对知识力量的理解：“只要去理解，生活就没有什么可怕的。是时候了解更多的东西了，这样我们的恐惧也会减少。”阿尔伯特·爱因斯坦也提醒我们：

> 重要的是不要停止发问。好奇心自有存在的理由。思考永恒、生命和现实奇妙结构的奥秘时，人不禁会感到敬畏。每天即便只是试着去理解这个奥秘的一小份，也足够了。

如果未来的物理学记住并遵循这些箴言，那么它就会为最
125 新和最古老的问题找到答案，也将有助于人类。

索 引

（条目后的数字为原书页码，见本书边码）

A

B

C

D

E

物理学

F

G

H

I

J

K

L

M

N

O

P

物理学

Q

R

S

T

U

V

W

X

Y

Z

Sidney Perkowitz

PHYSICS

A Very Short Introduction

This book is dedicated, as always, to my loving family:
my dear wife Sandy, and to Mike, Erica, and Nora.
They enrich my life and my writing.

Contents

Preface

'Physics' is a huge topic spanning big stretches of time, space, and ideas. The science itself is as old as the natural philosophy of the ancient Greeks, and as new as the most recent data from the National Aeronautics and Space Administration (NASA) or European Organization for Nuclear Research (CERN) and the latest technology. It is also a global undertaking. Many of its achievements such as the discovery of the Higgs boson and the detection of gravitational waves have been accomplished by large international teams of researchers.

What physics covers is even vaster than the Earth. One goal of physics is to understand the entire universe, from its origins to its ultimate fate, and from quarks to all spacetime. Through its sub-areas and partner areas such as elementary particles, condensed matter, and astrophysics, physics contributes to our understanding of nature at all its scales; to the technology that defines how we live; and to exploring the nature of life and living things including humanity itself.

My aim in this book is to help you the reader gain insight into this big subject. I hope to show you enough physics, and enough about physics and its history, for you to appreciate what physics covers; to grasp how physicists carry out research and why that research is important; to understand how and why society supports physics, and how physics affects society; and to contemplate how physics answers some of humanity's greatest questions, from 'How did it all begin?' to 'How can we sustain ourselves on Earth?'.

This overview draws on my career as a physics researcher, educator, and administrator, and on my extensive work in science outreach and popular science writing. My research experience includes industrial, academic, and government laboratories; 'small' physics with table-top equipment in my own lab, and 'big' physics at the Los Alamos National Laboratory and other major installations. I've visited places where physics history was made, such as the Mt Wilson observatory, where the expanding universe was discovered; the site of the first atomic bomb test at Alamogordo, New Mexico; and the Paris Observatory, where the speed of light was first measured.

In sharing my varied experiences and knowledge of physics, I've focused on making the subject accessible. My writing assumes minimal prior knowledge of physics, and I discuss it in descriptive and conceptual terms rather than mathematical ones.

If after finishing *Physics: A Very Short Introduction* you understand better what physics is about, and how and why physics and physicists operate as they do, this book has been a success. And if after finishing it you want to know more, or perhaps even want to pursue a career in physics or any science, then the book has been a double success.

Most of all, I simply hope that you enjoy the book.

Sidney Perkowitz
Atlanta, Georgia, and Seattle, Washington
2017–18

Acknowledgements

It is a pleasure to thank my commissioning editor at Oxford University Press, Latha Menon, who responded positively to my idea of a VSI on physics, shepherded it through the proposal process, and improved the manuscript through her editing; Jenny Nugee and Carrie Hickman, who efficiently responded to my queries as I wrote the book and who tracked down illustrations, respectively; and Joy Mellor for her effective copyediting. I also thank the anonymous reviewers for their helpful comments.

Special thanks go to my volunteer readers, Marc Merlin and Winston King, respectively Executive Director and Co-Director of the Atlanta Science Tavern. They read my manuscript at various stages, then used their deep knowledge of physics and of science outreach and teaching to suggest changes that made the book more lucid and more complete.

For their help in providing and explaining statistics about US federal support of physics, employment of physicists, and production of physics PhDs, I thank two staff members at the American Institute of Physics: Patrick Mulvey, Senior Survey Scientist, Statistical Research Center; and William Thomas, Science Policy Analyst, Government Relations Division.

Any errors in the book, however, are mine alone.

List of illustrations

List of abbreviations

a	acceleration
Al_2O_3	aluminum oxide
APS	American Physical Society
c	the speed of light
CAT	computerized axial tomography (scan)
CdSe	cadmium selenide
CERN	European Organization for Nuclear Research
CMB	cosmic microwave background
CO_2	carbon dioxide
DoD	US Department of Defense
DoE	US Department of Energy
E	energy
ESA	European Space Agency
F	force
fMRI	functional magnetic resonance imaging
GaN	gallium nitride
GPS	global positioning system
H	horizontal
ICBM	intercontinental ballistic missile
ISS	International Space Station
ITER	International Thermonuclear Experimental Reactor
LED	light emitting diode
LHC	Large Hadron Collider
LIGO	Laser Interferometer Gravitational-Wave Observatory
LQG	loop quantum gravity
m	mass
MIT	Massachusetts Institute of Technology

MRI	magnetic resonance imaging
NAS	National Academy of Sciences
NASA	National Aeronautics and Space Administration
NIF	National Ignition Facility
NMR	nuclear magnetic resonance
NRC	National Research Council
NSF	National Science Foundation
PET	positron-emission tomography
QED	quantum electrodynamics
qubit	quantum bit
QUEST	Quantum Entanglement Space Test
Rad Lab	MIT Radiation Laboratory
ROMY	Rotational Motions in Seismology
sonar	sound navigation and ranging
V	vertical
WIMP	weakly interacting matter particle

Chapter 1
It all began with the Greeks

Even if you're not a physicist and have never taken a physics course, physics is part of your life. Your smartphone uses semiconductor chips based on quantum mechanics; if you have ever had an X-ray or an MRI scan, you've benefited from medical techniques developed in physics labs; if you care about clean energy and maintaining the environment, or worry about the chances of nuclear war, physics hovers over those issues as well; and if you have ever looked at the stars in the night sky, and wondered as we always have how they and all creation arose, the science of physics has answers.

From consumer devices to research at the edge of the unknown, physics is woven into our daily activities, our civilization, and our highest aspirations. It is a foundational science that is massively supported by society and underpins other science and technology. Yet this essential human enterprise began long ago and at a small scale, in the minds of a handful of Greek thinkers who wanted to understand the world around them.

Curiosity and understanding

If there is a constant theme that runs through the history of physics, from its early days as natural philosophy practised by the ancient Greeks to today's intricate theories and apparatus, it has two strands: curiosity about the natural world, and the belief that we humans can comprehend it. Our early ancestors were surely astonished and awed by the natural phenomena around them, from the rising and setting of the sun to the ceaseless sound and motion of the ocean. Those feelings must have been accompanied by the desire to understand what they saw.

We still feel wonder at the beauty and workings of the universe around us, but with a difference. Now we can explain much, though not all, of what we take in with our senses or through specialized instruments. We continue to seek broader and deeper understanding, and today we have the tools to satisfy that curiosity, tools whose development is a large part of the history of physics and of all science.

Physics and nature

The connection between physics and nature is embedded in the very beginnings of the science, whose name comes from the Greek root *physis* meaning 'nature'; but the tools that formed modern physics took a long time to evolve. Our early ancestors believed the workings of nature to be under the arbitrary, sometimes capricious, control of gods such as Zeus, the chief Greek Olympian, who punished other gods and mortals when they challenged his authority. That belief in the gods came to be replaced with a set of concepts and techniques that would coalesce into physics, an integrated approach to exploring the universe.

Chief among these ideas was and still is the belief that we can grasp the workings of the world through the rational exercise of the human intellect. This was a major change from believing that the gods could do as they wished beyond human knowledge or control. Closely related is the idea of cause and effect, the conviction that a physical action in the world such as the application of a force gives a predictable outcome; and that the same cause always produces the same effect under equal conditions.

Other necessities to develop a science of physics were careful observation and record-keeping of natural events such as the regular motion of planets and stars. Later came quantitative analysis. Mathematics became the language of physics, the most powerful, concise, and exact way to manipulate data, express physical ideas, model the world, and predict its behaviour. Two other prerequisites were the notion of the experiment, an artificially limited portion of reality designed to test a particular idea, typically combining observation with the recording of quantitative data; and the development of a theoretical physics that uses mathematics to analyse and explain physical behaviour and experimental results.

These elements did not come quickly or in one place, but over millennia in different nations and cultures. In one example that became woven into the fabric of physics, before the Greeks the early Sumerians, Babylonians, and Egyptians developed measurement methods and applied mathematics. The Sumerians and Babylonians produced catalogues of stars, and the Egyptians cultivated practical mathematics to keep track of land allocations when the Nile flooded and erased boundary markings.

Other ancient civilizations around the world also developed aspects of physical and quantitative science, and technology that showed command of physical principles. The Chinese, for example, invented the abacus and the magnetic compass among other devices and processes; in South Asia, Indian mathematicians developed or widely transmitted fundamental mathematical ideas such as the concepts of zero as a number, and negative numbers; in Central America, the Mayan people developed sophisticated astronomical systems and calendars; and in South America, the Incas engineered an extensive road system along with aqueducts for water management.

However, the central idea that nature has 'laws' that operate without the intervention of the gods and could be rationally understood goes back to the early Greek philosophers, especially Aristotle who presented a world system in his work *Physics*. That title conveyed a different meaning than it does now. Natural philosophers like Aristotle were not like today's physicists. They did not necessarily carry out experiments or use mathematics, but they did seek laws of nature such as the laws of motion and of change, a major theme of *Physics*.

Moving objects

It seems inevitable that the study of motion was important to the Greek thinkers. Little on Earth or in the heavens is fixed and we live surrounded by change, as the Greek philosopher Heraclitus recognized when he wrote 'No man ever steps in the same river twice'. Also, we constantly see and viscerally experience the causes and effects of motion in daily life, such as the force needed to hurl a rock, and the differences in its path after throwing it with greater or lesser effort.

Aristotle's analysis of motion contained some insights, but his law of falling bodies showed the weakness in Greek thinking when it did not use empirical results to understand nature. His assertion that heavier bodies fall faster seems commonsensical but is incorrect. Only after much experimentation do we know that all material bodies fall at the same acceleration in a given gravitational field. Yet Greek thought yielded important ideas such as atomic theory, championed by Democritus of Abdera who summed it up in a single concise statement: 'Nothing exists except atoms and empty space, everything else is opinion'. And some early thinkers did carry out experiments and observations. For example, Archimedes discovered the principle of buoyancy in a liquid, and in the 2nd century CE, Claudius Ptolemy gathered data about the refraction or bending of light as it moves between different media.

Each succeeding century brought its own contributions to physics. Early work followed the writings of the Greek philosophers, especially Aristotle, but not all cultures extended these ideas. The Roman philosopher and poet Lucretius exerted great influence simply by explaining Greek science to his fellow citizens. His poem *On the Nature of Things* is famed for its clear presentation of Greek ideas such as atomic theory. The poem influenced Isaac Newton's understanding of falling bodies, and the Scottish mathematical biologist D'Arcy Thompson, author of the classic work *On Growth and Form* (1917) about the physical constraints on living things, saw Lucretius as providing something for every generation of scientist.

Greek and Roman contributions to physics are part of western culture, but beginning in the early 9th century CE, Middle Eastern culture took the lead in studying and transmitting physical ideas. Scholars in Baghdad translated the works of Aristotle and other Greeks into Arabic, and the Arab astronomer and mathematician Ibn al-Haytham (also known by the anglicized name, Alhazen) made strides in optics. Ibn al-Haytham showed that Ptolemy's analysis of refraction was wrong and rejected his idea that vision comes as light rays leave the human eye, in favour of the correct idea that vision arises as light rays enter the eye.

Further translations of the Arab and original Greek works initiated progress in physics in Europe during the Dark Ages. This slowly developed until the 16th and 17th centuries as natural philosophers moved away from Aristotelian physics and towards the quantitative analysis and experimentation that would come to underlie physics.

The Renaissance and the planets

Much of this progress occurred during the Renaissance, the period from the 14th to the 17th centuries when new cultural, artistic, and scientific ideas flowered in Europe. While some scholars have questioned the validity of isolating this period as special and its causes are debated, the times did throw up important figures across Europe who advanced physics and its methods.

One such, the Polish mathematician Nicolaus Copernicus, created a breakthrough in astronomy and cosmology, the Copernican Revolution. Ptolemy had earlier used astronomical data to build a model of the universe with the Earth as its centre, a geocentric view that was accepted for centuries. But in 1543, Copernicus' book *On the Revolutions of the Celestial Spheres* put the sun at the centre. With this heliocentric theory, Copernicus placed the observed planets into their correct order of distance from the sun, but he clung to Plato's belief that celestial orbits must be perfect circles. As with Ptolemy, that made it impossible to explain the observed planetary movements without unwieldy and arbitrary adjustments to their orbits that had no physical basis.

Fixing this problem fell to the German astronomer Johannes Kepler, who found that no amount of tinkering with a circular or oval orbit could reproduce the observed behaviour of Mars, but an elliptical orbit could. Kepler expressed his results in three laws of planetary motion: their orbits are elliptical, with the sun offset from the centre to one focus of the ellipse; the imaginary line joining a planet to the sun sweeps out equal areas in equal times; and the orbital period for each planet increases with its distance from the sun according to a specific relation. For instance, at 5.2 times further from the sun than the Earth, Jupiter takes 11.9 years to complete one orbit.

Later the great English scientist Isaac Newton would show that these apparently separate laws arise from one source, his law of universal gravitation. But before Newton could establish that and his laws of motion, the Italian scientist Galileo Galilei had to explore the basis of mechanics and of experimentation itself. Galileo was born in 1564, the year Michelangelo died, and died in 1642, the year Newton was born—an apt span for a polymath with artistic and musical ability whose approach to research shaped physics.

Originally intended for a medical career, Galileo instead became professor of mathematics at the University of Padua where, starting in 1610, he made and used astronomical telescopes. He discovered the four biggest moons of Jupiter, and observed that Venus displays phases like our moon, strong evidence for a heliocentric rather than a geocentric solar system. In 1632, his defence of the Copernican system in his *Dialogue Concerning the Two Chief World Systems* was seen by religious authorities as contrary to scripture. He was brought to trial and punished but still carried out ingenious experiments that overthrew Aristotle's ideas about falling bodies and established empirical results as essential for physics.

Gravitation, light, and Newton

Other pioneering thinkers such as the 17th-century French philosopher René Descartes continued to develop ideas about motion. His work influenced Isaac Newton, the towering 17th-century figure considered one of the greatest scientists of all time. As a child, Newton constructed mechanical devices such as a water clock, then studied science and mathematics at Cambridge University. With this background, his scientific career displayed his great skills in both experiment and theory.

In 1687, Newton's seminal book *Mathematical Principles of Natural Philosophy* (usually called simply the *Principia* from its original Latin title *Philosophiæ Naturalis Principia Mathematica*) put forth his three laws of motion, which explained all dynamic phenomena until relativity and quantum mechanics appeared; and his law of gravitation, which shows how to calculate the gravitational attraction between any two bodies (Figure 1). This result embodied Kepler's three laws and made it possible to

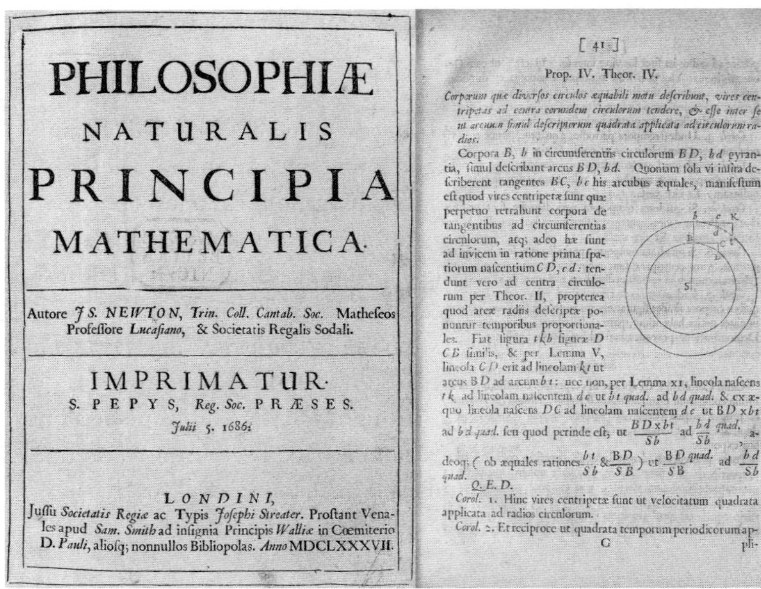

PHILOSOPHIÆ
NATURALIS
PRINCIPIA
MATHEMATICA.

Autore *J S.* NEWTON, *Trin. Coll. Cantab. Soc.* Matheſeos Profeſſore *Lucaſiano*, & Societatis Regalis Sodali.

IMPRIMATUR.
S. PEPYS, *Reg. Soc.* PRÆSES.
Julii 5. 1686.

LONDINI,
Juſſu *Societatis Regiæ* ac Typis *Joſephi Streater*. Proſtant Venales apud *Sam. Smith* ad inſignia Principis *Walliæ* in Cœmiterio D. *Pauli*, aliosq; nonnullos Bibliopolas. *Anno* MDCLXXXVII.

[41]

Prop. IV. Theor. IV.

Corporum quæ diverſos circulos æquabili motu deſcribunt, vires centripetas ad centra eorundem circulorum tendere, & eſſe inter ſe ut arcuum ſimul deſcriptorum quadrata applicata ad circulorum radios.

Corpora *B*, *b* in circumferentiis circulorum *BD*, *bd* gyrantia, ſimul deſcribant arcus *BD*, *bd*. Quoniam ſola vi inſita deſcriberent tangentes *BC*, *bc* his arcubus æquales, manifeſtum eſt quod vires centripetæ ſunt quæ perpetuo retrahunt corpora de tangentibus ad circumferentias circulorum, atq; adeo hæ ſunt ad invicem in ratione prima ſpatiorum naſcentium *CD*, *cd*: tendunt vero ad centra circulorum per Theor. II, propterea quod areæ radiis deſcriptæ ponuntur temporibus proportionales. Fiat figura *tkb* figuræ *DCB* ſimilis, & per Lemma V, lineola *CD* erit ad lineolam *kt* ut arcus *BD* ad arcum *bt*: nec non, per Lemma XI, lineola naſcens *tk* ad lineolam naſcentem *dc* ut *bt quad.* ad *bd quad.* & ex æquo lineola naſcens *DC* ad lineolam naſcentem *dc* ut $BD \times bt$ ad *bd quad.* ſeu quod perinde eſt, ut $\frac{BD \times bt}{Sb}$ ad $\frac{bd\ quad.}{Sb}$, adeoq; (ob æquales rationes $\frac{bt}{Sb}$ & $\frac{BD}{SB}$) ut $\frac{BD\ quad.}{SB}$ ad $\frac{bd\ quad.}{Sb}$ *Q. E. D.*

Corol. 1. Hinc vires centripetæ ſunt ut velocitatum quadrata applicata ad radios circulorum.

Corol. 2. Et reciproce ut quadrata temporum periodicorum appli-

G

1. The cover and a page from Isaac Newton's *Principia* (1687).

forecast the behaviour of celestial as well as earthly bodies. The law is simple enough for beginning physics students, yet it nearly perfectly described celestial motion until Albert Einstein developed general relativity in 1915 to give more accurate predictions.

Newton also tackled optics and the nature of light. In 1669, he invented an improved 'reflector' type of telescope that used a curved mirror instead of lenses. His design is still preferred for serious astronomy, exemplified in giant ground-based units and NASA's Hubble space telescope.

To study light itself, in 1666 Newton carried out a famous, seemingly simple experiment; he inserted a glass prism purchased at the Sturbridge Fair into a ray of sunlight to produce a rainbow, splitting what had been thought to be pure white light into component coloured rays. These travelled in divergent paths because of refraction, which Newton called 'refrangibility'. As he explained,

> To the same degree of refrangibility ever belongs the same colour, and to the same colour ever belongs the same degree of refrangibility. The least refrangible rays are all disposed to exhibit a red colour... the most refrangible rays are all disposed to exhibit a deep violet colour...

To confirm this insight, Newton carried out another experiment that recombined the coloured rays into white light.

Newton's work with light was the latest attempt to explain this intangible element of nature, whose essential constitution and speed had long been mysteries. The ancient Greeks thought it travelled at infinite speed, but in 1676 the Danish astronomer Ole Roemer calculated a finite value from astronomical data that came within 20 per cent of the correct value, 300,000 kilometres/second (186,000 miles/second). Light however displayed a seeming paradox. It would bend around obstacles like ocean waves bending around a jetty, suggesting that it is wave-like; but its rays travelled in straight lines, suggesting that it is particulate. The latter was a main reason that in his book *Opticks* (1704) Newton described light as made of 'corpuscles' that are refracted according to mechanical principles.

Newton's theory was not the final word on light; nevertheless, with his combination of crucial experiments and rigorous mathematics, as the science historian J. L. Heilbron observes, he 'completed one full turn of the helix of scientific advance... Newton was the Napoleon of the Scientific Revolution' who after Galileo set the standard for the modern approach in physics.

Electric and magnetic fluids

Along with light, natural philosophers explored electricity and magnetism as other weightless or 'imponderable' parts of nature. The early Greek philosopher Thales of Miletus apparently knew of the magnetic properties of lodestone and the static electrical properties of amber when rubbed (the electron, with its negative electrical charge, is named after the Greek word for amber). Centuries later, the English physician William Gilbert and the English astronomer Edmond Halley of comet fame studied lodestones and the Earth's magnetism, and Newton himself displayed static electricity to the Royal Society.

The 18th century saw great advances in electricity: the use of the Leyden jar to store electrical charge for new experiments (in one amusing demonstration, the experimenter passed a spark through a long line of monks holding hands, making them simultaneously jump); the association of lightning with electricity by the American statesman and scientist Benjamin Franklin, and his proposal that electricity is a fluid (other theories postulated two types of electrical fluid); Alessandro Volta's invention of the 'voltaic pile' or electric battery in 1800; and the surprising discovery that electricity and life are linked, when in 1780 the Italian researcher Luigi Galvani found that electricity made a dead frog's leg twitch (Mary Shelley named 'galvanism' as a mechanism to animate dead matter in the 1831 edition of her story *Frankenstein*).

The age of correlation

By the end of the 18th century, great progress had been made in understanding the physical world. Newton's mechanics described motion; his corpuscles explained the behaviour of light; electricity and magnetism had been explored, and, it was theorized, were carried by weightless fluids; and thermal effects were thought to arise from caloric, another weightless fluid that flowed from hot to cold bodies. But many of these ideas were upset by new data and theories in the 19th century.

That century has been called the 'age of correlation' where ideas came together to form what is now called classical physics, a unified approach to analysing physical phenomena. Perhaps this coherence also helped establish physics as a well-defined science. Its practitioners were for the first time recognized as 'physicists', a title proposed in 1840, and physics curricula were installed in schools and universities.

Classical physics would include new correlations among electricity, magnetism, and light, but light itself had to be better understood. Though Newton's corpuscular theory was widely accepted, in 1690 the Dutch scientist Christiaan Huygens proposed instead that light consists of waves travelling in a space-filling 'ether'. Then in the early 1800s, the English polymath and physician Thomas Young convincingly showed that light is a wave. He passed light through two holes in a screen, producing a pattern of alternating illuminated and dark areas that could only arise from constructive and destructive interference between light waves. Later results showed how interference between waves could produce straight light rays, overturning Newton's main objection to the wave theory.

However, the nature of these light waves remained unknown. A clue came in 1831 when the outstanding English experimentalist Michael Faraday showed that a changing magnetic field could induce an electric current, giving a new connection between electricity and magnetism. Then in 1865 the Scottish mathematical physicist James Clerk Maxwell merged Faraday's result with everything else known about electricity and magnetism into a single entity, electromagnetism. Later reduced to four mathematical expressions known as Maxwell's Equations, this theory unexpectedly showed that electromagnetic waves could be generated and would travel at the known speed of light. Experiments confirmed that light is indeed an electromagnetic wave, at last establishing its true nature.

These results eliminated notions of electric and magnetic fluids, and 19th-century physicists abolished another imponderable when they asked 'what is heat?' In 1798, the American-born scientist Benjamin Thompson, Count Rumford, observed that the friction produced by grinding cannon barrels generated unlimited amounts of heat. He concluded that heat 'cannot possibly be a material substance'—which eliminated caloric—but must be related to motion. His surmise was confirmed when measurements established that a given amount of work always created the same amount of heat, and provided a numerical value for this mechanical equivalent of heat.

Further development of thermodynamics—the theory of heat, energy, and work that is basic to physics—began with the French engineer Sadi Carnot. Interested in the performance of steam engines, in 1824 he derived a general rule for the maximum efficiency of any engine driven by heat. His analysis led to a new physical quantity, entropy, which measures how much thermal energy is unavailable to perform work in any thermodynamic process or engine that uses heat. Later efforts by other researchers produced the powerful Three Laws of Thermodynamics, including the conservation of energy, and the tendency of entropy always to increase. This points to the eventual decline of any system, including the entire universe, and also provides an 'arrow of time', a one-way indicator of the direction in which time flows.

Conservation of energy has become a bedrock idea of physics. The recognition that heat is related to motion and then specifically to molecular motion was also hugely important because it linked Newtonian mechanics to thermal behaviour. When gas molecules were analysed as a swarm of tiny moving masses, it became clear that the temperature of a system directly reflects the kinetic energy of its molecules. This kinetic theory of gases was pioneered by the Austrian physicist Ludwig Boltzmann and provided a new approach to the atomic-scale world—a world that would receive increasing scrutiny in the 20th century.

With its new general principles and theories, 19th-century physics overthrew all the old imponderables except the ether. If the ether were to support electromagnetic waves travelling at high speed, and yet at the same time not resist the motion of the planets, it would have to possess completely contradictory properties and so its nature remained a puzzle.

Otherwise, classical physics could claim significant successes for its explanatory power. It also influenced the technology of the time: after James Watt improved the steam engine in 1781, applied thermal physics further enhanced the operation of this power source for the Industrial Revolution; Count Rumford used his knowledge of heat to invent the kitchen stove, elevating cooking from the use of an open fire to a more refined art; and Faraday's work laid the basis for electric motors and generators.

20th-century surprises

Given these achievements, some 19th-century physicists felt that physics was essentially complete. In 1896, Albert Michelson, who in 1907 would become America's first Nobel Laureate in science, wrote:

> While it is never safe to affirm that the future of Physical Science has no marvels in store... it seems probable that most of the grand underlying principles have been firmly established... further advances are to be sought chiefly in the rigorous application of these principles to all the phenomena which come under our notice.

Ironically, Michelson's own precise measurements of the speed of light, and other research as the 19th century became the 20th, discovered unexpected physics of the microscopic and macroscopic worlds. These findings changed classical physics into what is still called 'modern' physics, though it goes back to research from 1900 to the 1930s.

Some of the new results came from a device invented by the English physicist William Crookes in the late 19th century, a partially evacuated glass tube with metal electrodes. With a high voltage applied to the electrodes, an electrical discharge then called 'cathode rays' streamed between them. In 1895, the German physicist Wilhelm Röntgen found that a Crookes tube also produced 'X-rays', an unknown type of invisible radiation that penetrated solid matter, later determined to be short wavelength electromagnetic waves.

Two years later, the English physicist J. J. Thomson found that cathode rays were really streams of negatively charged particles later called electrons, the first elementary particle to be discovered. Then in 1911 the New Zealand physicist Ernest Rutherford showed that an atom consists of electrons surrounding a tiny nucleus, itself eventually found to be made of positively charged protons and electrically neutral neutrons.

In other contemporary work, in 1896 the French physicist Henri Becquerel, the Polish-French researcher Marie Sklodowska Curie, and her husband Pierre Curie began exploring radioactivity, where certain elements spontaneously emit radiation, changing as they do—radium for instance turns into lead. Later these so-called alpha, beta, and gamma emissions were shown to consist respectively of protons and neutrons combined into helium nuclei, electrons, and electromagnetic radiation at wavelengths shorter than those of X-rays.

The newly discovered small world of electrons, nuclei, and atoms showed an unexpected aspect; it is quantized, meaning it operates with energies that come only in specific discrete amounts, not in a continuous flow. This possibility was first put forward in 1900 by the German physicist Max Planck to resolve anomalies in the behaviour of light from hot glowing sources. The idea seemed outlandish and Planck himself initially viewed it sceptically, but it proved valid and indeed essential to describe light and matter.

Light is quantized as separate small packets of energy called photons, with the energy proportional to the frequency of the light, as proposed by Einstein in 1905 to explain how light ejects electrons from certain metals. In matter, the energy levels of electrons in atoms are also quantized, as the Danish physicist Niels Bohr proposed in 1913 for hydrogen. The introduction of the photon re-opened the question whether light is a particle or a wave, and quantum mechanics has other apparent paradoxes; yet together with its extended form, quantum field theory, it has been eminently successful with important technological outcomes.

While physicists absorbed the implications of the quantum, other results changed our view of the ether and the universe. In 1887, Michelson with Edward Morley carried out a sensitive experiment that sought small changes in the speed of light to determine whether the Earth moves through the ether, and found no evidence of such motion. This troubling result was explained eighteen years later by Einstein's special relativity. In making space and time variable and in taking the speed of light as having the same value relative to any moving observer, the theory eliminated any need for the ether, the last 19th-century imponderable.

In 1915, Einstein extended his theorizing to create general relativity, which describes gravity as resulting when a mass distorts spacetime, the four-dimensional fabric of the universe, rather than as a force acting over distance as Newton had surmised. Einstein's result was soon experimentally confirmed through its correct predictions of the behaviour of light and of planets under gravity.

Besides these theoretical tools, advanced experimental methods provided new insights. In 1911, the Dutch researcher Heike Kamerlingh Onnes discovered that some metals become 'superconducting' and lose all electrical resistance when cooled

2. The 2.5-metre (100-inch) reflector telescope installed at Mt Wilson, CA, in 1917.

near absolute zero. In 1917 the world's then largest reflecting telescope was installed at Mt Wilson, California, enabling the American astronomer Edwin Hubble to begin establishing the size of the universe (Figure 2). He found that the Andromeda Galaxy lay a million light years away (later corrected to two million light years. A light year is the distance light travels in a year, about 10^{13} kilometres). Equally significant for our understanding of the universe, his data showed that it is expanding—a result that the Belgian priest and astronomer Georges Lemaître had considered earlier.

At the other end of the scale, in 1932 the American physicists Ernest Lawrence and M. Stanley Livingston invented the cyclotron. This device accelerated sub-atomic particles around a circular track until they reached high energies and could probe atomic nuclei or collide and create new particles. And, in 1938, another probe of small-scale nature changed physics, the course of World War II, and the post-war world. After the German chemists Otto Hahn and Fritz Strassman bombarded uranium with neutrons, the Austrian-German physicist Lise Meitner and her nephew Otto Frisch confirmed that this had made atomic nuclei split or fission into smaller pieces. Nuclear fission, with its enormous energy release, was soon exploited in the Manhattan Project to make the two atomic bombs the United States dropped on Japan in 1945 that ended World War II.

The physicist's war

That war set new directions for physics and its role in society. World War I had been 'the chemist's war' because of its use of poison gas and high explosives; World War II was 'the physicist's war', with its use of weapons and technology with physics roots such as the atomic bomb, radar, and the Nazi V-2 rocket. After the war ended in 1945, these provided starting points for nuclear power, space flight, the laser, and other scientific and civilian spinoffs. Relatively unharmed by the war compared to other nations, the US government and economy had the means to strongly invest in physics and its applications.

Physics was supported in other countries as well for reasons of national defence on both sides of the Cold War, the period of hostility short of open conflict between the US and the Soviet Union and their allies from 1945 to 1991. To some observers, this produced an undesirable bias towards military and nationalistic applications, and a need for scientific secrecy that harmed physics; to others, physics broadly benefited from government funding when it was coupled with academic research and industrial support.

With the Cold War now gone, and growing global economic and industrial strength, physics is returning to its earlier international roots as it thrives throughout Europe and Asia as well as the US. Besides these separate efforts, major collaborations have developed among nations, such as the particle physics research carried out at the enormous Large Hadron Collider (LHC) near Geneva, Switzerland, a particle accelerator operated by the multi-nation CERN (Figure 3); or the International Space Station (ISS), a large US–Russian artificial satellite in low Earth orbit that supports research in space science and technology for a variety of nations.

The next correlation

Now in the 21st century, results from machines like the LHC and progress in theory are providing new impetus to seek another correlation for fundamental physics. Decades of particle physics experiments and theory have yielded the Standard Model, based on quantum field theory. It organizes all the known elementary particles into classes and explains the origin of three of the four fundamental forces that make the universe work, from quarks to galaxies—the electromagnetic interaction, and the so-called weak and strong interactions in atomic nuclei. But it excludes gravity, which is separately described by general relativity.

The next great hoped-for correlation would quantize gravity and fit it into the scheme with the other interactions, leading to an all-encompassing Theory of Everything that describes reality at every scale. The leading candidate has been string theory, in which tiny one-dimensional objects called strings replace point-like elementary particles. But physicists do not see how this theory can be experimentally tested because that would require a particle accelerator so much bigger than the LHC that it seems impossible to build. Still, faced with the absence of any other definite

3. Aerial view of the Large Hadron Collider at the Franco-Swiss border.

theoretical successes, some physicists suggest we should bypass experimental confirmation and simply accept string theory and the related idea that reality consists of multiple universes, the 'multiverse'—a radical change in how physics has operated for centuries.

Another possibility is to more vigorously pursue a rival approach, loop quantum gravity (LQG), which string theory has overshadowed. In LQG, space and time are themselves quantized into discrete units rather than forming smooth continuous media as we now think of them. Recent research is showing some connections between LQG and string theory. Perhaps this will lead to results that would not require discarding the core idea of experimental validation.

In a future history of physics that looks back on our time, this may be the century where the search for a unifying Theory of Everything either preserved and extended the established way of doing physics or took physics in new directions.

Chapter 2
What physics covers and what it doesn't

Look up the word 'physics' online or in dictionaries and you'll likely see a definition more or less like this: 'Physics is the study of matter, energy, and the interaction between them'. This is concise and seemingly clear, but not really, because 'matter' and 'energy' are harder to define than you might think, so that specifying them with precision helps to define physics itself. Besides, physics is a sprawling and dynamic science, and this basic definition needs to be amplified to truly reflect what physics is all about.

Matter and energy

Nevertheless, the definition has a big plus: it is completely general, because from the viewpoint of physics, matter and energy, existing within space and time, represent the entirety of the universe. It is worth stressing that the definition therefore shows that physics treats reality as purely materialistic. Unlike entities such as 'mind' and 'soul', matter and energy can be directly sensed or detected and objectively measured by observers. Some philosophers have held instead a dualistic view, the idea that the universe contains both physical and non-physical things. Plato believed the soul could migrate from body to body; Descartes held that matter with its spatial extent differs from mind, which is non-spatial and has the ability to think. Physics as practised explicitly does not follow any such dualism.

But definitions that refer only to matter and energy tell us little about the texture of physics and how it works. Instead, physics can be defined and described by scale, that is, how it deals with different aspects of the universe by their size; by its sub-areas such as mechanics and nuclear physics; by the research methods it uses; by intent, meaning is it 'pure' or 'applied'; and finally by how it is actually practised, which illuminates its development over time. Still all these depend on matter and energy as central concepts.

About matter

The classical definition of matter is that it occupies space and has mass. These may seem self-explanatory properties but space and mass have their own complexities. As a basis for his theories of mechanics and gravity, in his *Principia* Newton defined an 'absolute space' that 'in its own nature, without regard to anything external, remains always similar and immovable' and an 'absolute, true and mathematical time' that 'from its own nature flows equably without regard to anything external'. Einstein's relativity upset this view by showing that space and time are not separate things but are connected to form 'spacetime', a unified four-dimensional entity. Moreover, his theory predicts and experiment confirms that spacetime is not fixed or absolute, but changes through 'length contraction' and 'time dilation', effects seen by observers moving at different speeds.

Special relativity also complicates the notion of mass itself. It predicts (and experiment confirms) that the mass of a moving body as seen by a fixed observer increases with the speed of the body. Only the body's so-called rest mass, measured by an observer located on the body, remains unchanged. Further, even for a body moving too slowly to bring in relativistic effects, there are different ways to define its mass. The inertial mass of a body represents its resistance to acceleration by a force, the reason it is harder to push a big stalled automobile than a small one; the gravitational mass of a body determines the strength of its gravitational interaction with other bodies (measurements show that the two masses are equal—the reason that all objects fall at the same rate and an important result for general relativity).

Our view of matter has also changed. Its classic definition characterizes three different macroscopic states: solids, which hold a fixed shape and volume unless deliberately deformed; liquids, which take the shape of their container; and gases, which fill a container. All three exist on our planet and throughout the universe.

A fourth state was called 'radiant matter' in 1879 when William Crookes first observed it in the tube he had invented. He was seeing a plasma, a hot gas whose atoms had been ionized into separate positive nuclei and negative electrons (in this case, air heated by high voltage). Hot plasmas are not prevalent on Earth except when generated by lightning, but we make them artificially in neon signs and plasma televisions. They are, however, widespread throughout the universe inside active stars such as our sun, which are made of extremely hot plasma.

By the early 20th century, physics could begin to explain all four states of matter in terms of atoms made of protons, neutrons, and electrons, and how the atoms are arranged. Now we have found quarks, the constituents of protons and neutrons, and other elementary particles including the Higgs boson which gives some elementary particles their mass, bringing us closer to understanding the underlying nature of matter. We have also found additional states of matter such as Bose–Einstein condensates, where a group of extremely cold atoms enters into a shared quantum state; the super-dense cores of certain dead stars made of neutrons; and dark matter, the invisible entity that makes up much of the universe but whose nature remains unknown.

About energy

Like matter, energy has multiple meanings; in physics, it is the ability to do work, that is, move a force—a push or a pull—through a distance. Think of an accident where automobile A collides with automobile B. That pushes or exerts a force against the metal of auto B, crumpling it as the force moves through a distance to perform work on B. This work came from the kinetic energy or energy of motion that auto A carried. Any moving object has kinetic energy—a thrown baseball, a molecule in a gas, or an electron travelling through a wire. The idea can also be extended to include motion that does not involve objects with mass. 'Radiant energy' is carried by light and other electromagnetic waves. These exert forces on charged particles such as electrons that make them move, thereby performing work.

A broader definition brings in the concept of potential energy, which is work that has been stored in a system by changing its configuration. For example, it takes work to raise a boulder from ground level to a cliff top. That work can be retrieved as kinetic energy if the boulder is tipped over the edge to fall, then changed again to work if the mass smashes through some structure below. Potential energy also exists in the chemical bonds between atoms, and in atomic nuclei where it is released if the mass (m) is converted into a large amount of energy (E) according to Einstein's equation $E = mc^2$ where c is the speed of light. Another form of energy is dark energy, an entity discovered in 1998 that seems to fill all space and speeds up the expansion of the universe.

Size matters

One goal of physics is the reductionist one of finding the ultimate building blocks of reality that comprise the universe up to its biggest structures. This represents a staggering range of sizes. Protons, neutrons, electrons, and other fundamental particles are so tiny that they can be treated as mathematical points. Atoms are bigger but still minute, typically less than a nanometre across (a nanometre is a billionth of a metre, 10^{-9} metre). At the far end of the scale, huge cosmic entities are measured in light years. Our own Milky Way galaxy is 100,000 light years across.

Quarks to atoms to galaxies, the components of the universe span many orders of magnitude in size (Figure 4). Physicists dream of a Theory of Everything that explains reality at all scales; but since that does not exist, different approaches have evolved to deal with this enormous range in size, in three parts with overlapping boundaries: the small or microscopic to sub-microscopic—elementary particles, atoms, and molecules; the mid-size or mesoscopic, from the human to the planetary scale; and the large or macroscopic, consisting of stars, galaxies, the entire universe, and its spacetime.

Early natural philosophers could observe and up to a point manipulate mid-size physical phenomena, and though they could not reach celestial bodies, they could observe them as well at the mid-size to large scales. Without proper instruments, however, they could not examine sub-microscopic things. Later centuries brought advanced technology but this too worked mostly at the mid-size to large levels as telescopes enhanced astronomical observation, Newton examined light with a glass prism, Faraday explored electromagnetism with batteries and wires, and Carnot investigated heat by considering the steam engine.

These efforts led to a classical physics that explained everyday phenomena and those of bigger scale on and in the Earth, its oceans, and atmosphere, along with celestial activity. Newton's mechanics and gravitation accounted for ocean tides as well as planetary orbits; work by the Irish physicist John Tyndall and later by the British physicist Lord Rayleigh showed that short wavelength blue rays in sunlight scatter preferentially in the

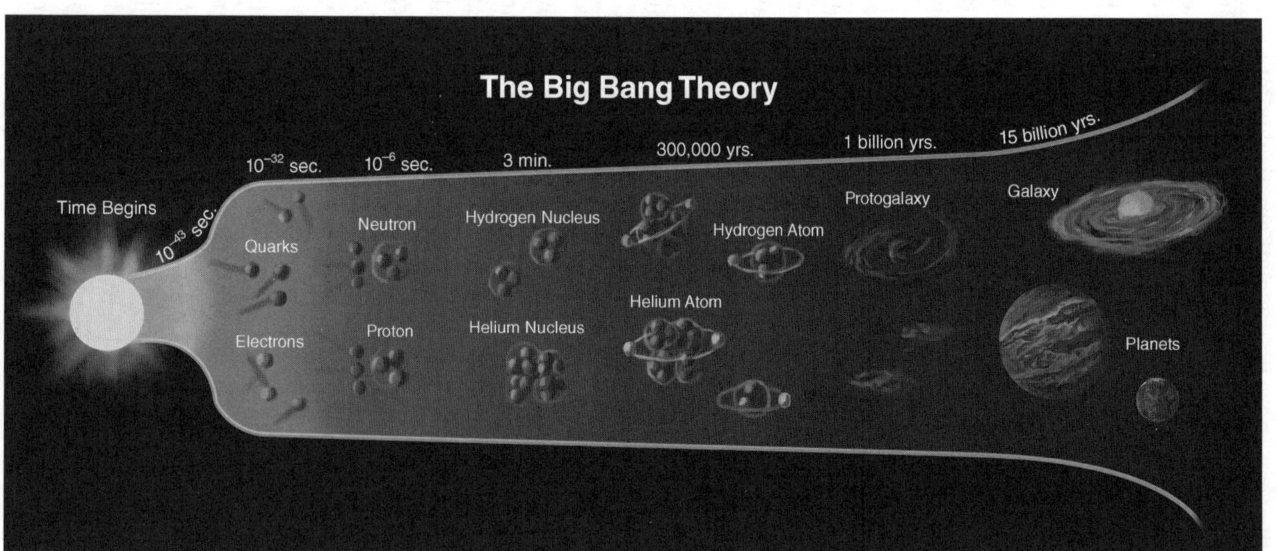

4. Evolution of the universe from quarks and electrons to its present size.

Earth's atmosphere, making the sky blue; and the British seismologist Richard Dixon Oldham analysed mechanical earthquake waves to examine our planet's internal structure.

Progress was slower at the smallest scale. Democritus had presented an atomic theory in 465 BCE in which matter consists of tiny solid indivisible particles in constant motion, but it took later breakthroughs to probe the atomic and sub-atomic world. The optical microscope, invented in the late 16th century, could not do so; it is limited by the wavelength of visible light to a resolution of 200 nanometres, far bigger than an atom. In 1912, however, the British father–son physicists William Lawrence Bragg and William Henry Bragg earned a Nobel Prize for demonstrating that X-rays interacting with the atoms in a crystal are deflected to produce a pattern that gives the atomic locations. X-ray scattering became invaluable to map atoms and molecules in inorganic and biological materials; in 1952 the British physical chemist Rosalind Franklin used X-rays to examine DNA, with results that led James Watson, Francis Crick, and Maurice Wilkins to establish its double helix structure.

Further progress came with the inventions of the electron microscope in the 1920s, which uses the wave-like quantum mechanical properties of electrons; and of the scanning tunnelling microscope in 1981, which also uses a quantum mechanical effect and earned its inventors a Nobel Prize. Today these and other techniques achieve resolutions of a fraction of a nanometre, comparable to the size of a hydrogen atom. These non-optical forms of microscopy routinely image and manipulate individual atoms, typically located on the surfaces of materials.

At the sub-atomic level, it took the development of particle accelerators that speed up electrons and protons until they have enough energy to break atomic nuclei into their components, or to collide and generate other elementary particles. Since the invention of a table-top cyclotron in 1932, these accelerators have grown hugely in scale and power, as shown by two machines where different quarks were discovered—SLAC at Stanford University, the Stanford Linear Accelerator 3.2 kilometres long, and the Tevatron at the Fermi National Accelerator Laboratory, a circular ring 6.9 kilometres around—culminating in the huge LHC where the Higgs boson was found in 2012 (see Figure 3).

Along with these experimental tools, quantum theory and its extension quantum field theory were developed between 1900 and the 1940s. The combination of this theory and experiment yielded the Standard Model. Quantum theory also successfully described atoms as individuals and when they are arranged into bulk matter.

The macroscopic world requires its own apparatus. Astronomy depended on the naked eye until Galileo examined the skies through a small telescope in 1610. Starting in 1917, with the Mt Wilson telescope that used a 2.5-metre mirror (see Figure 2), now we have telescopes with mirrors up to 10.4 metres across. In the 19th century, telescopes became analytical tools when spectrometers were added to break astronomical light into its component wavelengths. That was the birth of astrophysics, because the spectrum of a star or other astronomical body tells us about its atomic constitution and its motion.

With the advent of space travel, astrophysics and planetary science entered a new phase. Space technology put NASA's Hubble telescope, the Planck satellite from the European Space Agency (ESA), and other devices into orbit to gather images and spectra from gamma rays through visible light to microwaves, without interference from the Earth's atmosphere. We have also taken close-up views of celestial bodies and even directly sampled them. NASA put people on the moon in 1969 and returned them to Earth with moon rocks, and later sent planetary rovers to examine the soil of Mars for signs of water, considered essential to support life. ESA landed a probe on the surface of Saturn's moon Titan in 2005, and in 2014 put a robot lander on a comet for the first time.

Space science, and astronomical phenomena in and beyond our solar system, require the theory of relativity to describe objects moving at or near the speed of light and the gravitation that forms cosmic structures. General relativity also predicts the existence of black holes, regions of space where extremely dense matter creates gravity so powerful that nothing, neither matter nor light, can escape. Together with quantum physics, nuclear and elementary particle physics, general relativity is necessary to understand the development of the universe and its stars and to probe black holes, dark matter, and dark energy.

In studying the small and the large, physics has created a dynamic theoretical narrative for the transition of one to the other, which is the history of the universe (see Figure 4). Present theory does not quite go back to the birth of the universe in the Big Bang 13.8 billion years ago but begins a mere 10^{-43} seconds after that, when energy and elementary particles were first formed. The theory traces many details of how these evolved into the universe we see today, and projects whether and how the universe will end billions of years from now.

Looking at physics through the broad categories of scale shows the cosmic sweep of the science in space and time. The categories of scale also correlate with the development of sub-areas in physics, some going back centuries and some much newer, which guide researchers to study nature at a finer grain.

Physics subdivided

The Greek natural philosophers wished to know about all nature. Aristotle's view of 'physics' included biology as well, for instance. This gave a kind of unity to these early efforts, but as humanity gained more scientific knowledge towards the end of the Renaissance, the study of nature split in specialized directions leading to modern physics, chemistry, biology, and so on. Eventually the sciences themselves divided into sub-areas that depended on the scale being studied and the research methods used.

In physics, those natural phenomena that were accessible and could be experienced at the human level developed first—mechanics, heat, sound, light, electricity, and magnetism—constituting classical 19th-century physics. By now this is established science that remains important because it accurately describes most of the phenomena around us, such as ordinary objects moving slowly compared to the speed of light. Research based on classical physics continues to develop insights, for instance in chaos theory, which shows that systems that follow classical mechanics can produce unexpected behaviour depending on their starting conditions, and in applied physics.

Classical physics also remains embedded in physics education. It introduces students to ideas like matter, energy, and force, and helps them develop physical intuition before tackling the abstract mathematical theories of modern physics. A typical undergraduate physics curriculum includes classical mechanics, heat, and electricity and magnetism, then relativity, quantum mechanics, mathematical and computational methods, and laboratory techniques. This provides the background for students to choose future paths for employment or for graduate school, and to choose between theory and experiment, and between pure and applied physics.

The areas that developed after the rise of classical physics are the most active arenas for research and raise questions at the boundaries of known physics. At the small scale, these include nuclear and particle physics, the physics of condensed matter (solids and liquids), and studies of the still mysterious quantum properties of light. These require exotic experimental capabilities like particle accelerators, temperatures near absolute zero, and special lasers; and all depend on quantum physics to understand experimental results and form new ideas. At the large scale, the research areas are astronomy, astrophysics, and cosmology—among the oldest of human scientific interests but now radically transformed with new telescopes and our entry into space, and with relativity, quantum physics, and nuclear and particle physics as theoretical background.

Theory, experiment, and more

Within each physics sub-area, there are physicists who gather data and others who devise theories to explain experimental results. Theory and experiment are the essential twins that drive physics but neither arose without considerable development. Before there was experiment, there was observation of natural activities such as the motion of celestial objects. Recorded and compiled, these observations made a data set that could be analysed, as Ptolemy had done though his geocentric model was incorrect.

New instruments enhanced the scope and accuracy of observational data. Even before the telescope was invented, the 16th-century Danish astronomer Tycho Brahe accurately measured the angular positions of celestial objects with what were essentially big protractors. That data allowed Brahe's assistant Johannes Kepler to derive his three laws of planetary motion. Later, telescopes yielded better observations and new discoveries. The planet Uranus is barely visible to the naked eye but the German-British astronomer William Herschel saw it through a telescope in 1781; the existence of Neptune, also invisible by eye, was confirmed by telescope in 1846.

Observational science takes nature as it comes and records what is seen. Experiment goes further, isolating and manipulating natural phenomena so they can be definitively examined. To test his ideas about light, the Arab scientist Ibn al-Haytham (see also Chapters 1 and 3) hung two lanterns at different heights outside a darkened room with a hole in one wall. Uncovering and covering the lanterns, he saw a spot of light correspondingly appear and disappear on the wall of the room, and noted that the spot for each lantern lay on a straight path back through the hole to that lantern. This experiment went far towards confirming that vision is due to light emitted by sources, not by the human eye, and that light rays travel in straight lines.

In 1638, Galileo further extended the scientific revolution that Copernicus initiated when he showed the importance of experiment followed by mathematical analysis. His book *Discourses and Mathematical Demonstrations Relating to Two New Sciences* describes his refutation of Aristotle's assertion that heavier objects fall faster. Galileo did this by a clever indirect method, because even had he dropped objects from the leaning Tower of Pisa as legend has it, they would have fallen too fast to be timed by available clocks. Instead he timed bronze balls rolling down inclined ramps more slowly than in free fall. Galileo's analysis showed that the acceleration under gravity is the same regardless of the weight of the ball. This is also true for objects in free fall, he argued, because that is exactly like motion on a ramp inclined at 90 degrees.

Decades later, Isaac Newton amplified Galileo's approach. His *Principia* expressed his belief that natural philosophers should combine data with mathematics to explain nature. Drawing on earlier results from Galileo and Descartes about moving bodies, and using geometry and the powerful tool of calculus he had invented (also invented independently by the German mathematician and philosopher Gottfried Leibniz), he derived the key principles of mechanics. His three laws of motion (best known is $F = ma$, force = mass × acceleration) and law of universal gravitation represent the first sweeping theories that explain a large part of natural behaviour on Earth and in the heavens (see Figure 1).

After Newton, theoretical physics continued to develop into a specific field within physics, with 19th-century researchers like the Scottish physicist James Clerk Maxwell specializing in the area. In one example, he used mathematical analysis and physical insight to show that the rings of Saturn could not be solid but must be made of separate components held together by gravity, as observation later confirmed. His mathematical skills led to his greatest achievement, a unified theory for electromagnetism based on experimental results that gave an unexpected bonus in showing that light is an electromagnetic wave.

The complementary roles of theory and experiment were clearly displayed as the 20th century began. At the First International Congress of Physics held in Paris in 1900, with over 800 attendees, both theorists and experimentalists presented keynote addresses. In 1911, at the first of a series of conferences sponsored by the industrialist Ernest Solvay that invited leading physicists to discuss the weighty scientific questions of the day, there was a nearly equal balance between theoretical and experimental physicists (but not between genders; Madame Curie was the sole woman among twenty-four invitees).

The symbiotic relationship among observation, experiment, and theory continues today, but few contemporary physicists combine experiment and theory as did Galileo and Newton. The scope and complexity of modern laboratories and theories force a physicist to choose one path or the other, and today a physicist can also choose computational physics. Since their inception computers have been useful for physics (and all science) to record and process data and solve mathematical problems. In computational physics, these consist of equations that correctly describe a real physical system but are hard to solve by the usual mathematical methods—typically because the system is non-linear or has many components, as occurs in general relativity, fluid flow, and condensed matter physics.

In that case, computers carry out accurate solutions, which amounts to numerically modelling or simulating the system.

The simulation parameters can be varied to explore what the mathematics predicts, later to be confirmed by experiment; or the simulation may stand in for an actual close-up view that would be physically impossible. That occurred in 2015, when the massive Laser Interferometer Gravitational-Wave Observatory (LIGO) detectors on Earth sensed for the first time the existence of gravitational waves. This confirmed Einstein's century-old prediction from general relativity that gravitational effects are carried by ripples in spacetime at the speed of light. It took a computational simulation of black hole behaviour to confirm that the detected signal came from a collision between two black holes 1.4 billion light years distant.

Computational physics is considered a branch of theoretical physics, or a 'third way' besides theory and experiment. More controversially, some physicists speak of 'computer experiments' that can replace real-world experiments. In any case, this area has growing influence.

Another change in physics is the appearance of decentralized research. Though some big physics projects are carried out at centres like CERN, others are performed by a global network of collaborating physicists tied together through personal computers and the Internet, as was done with LIGO. Network tools also allow anyone, physicist or not, to advance research. The CERN 'volunteer computing' website provides, as it states, 'a wonderful opportunity for YOU to get directly involved in cutting edge scientific research' by allowing one's personal computer to help analyse data from the LHC, a significant resource when thousands contribute. NASA's 'citizen scientists' website offers the chance to examine images of the exotic material aerogel to find interstellar dust particles trapped in it during the NASA Stardust mission of 2004; and as part of the 'Zooniverse' project at Oxford University, the opportunity to categorize by shape the galaxies seen by the Hubble Telescope.

Pure vs applied

The Greek natural philosophers preferred theorizing about nature to exploring it with experiments, nor did they think much about applying their knowledge to create actual devices for people to use. That changed with the Industrial Revolution in the 18th and 19th centuries, during which practical machines and processes benefited from knowledge of physics.

Initially there were no industrial laboratories that applied physics principles to improve processes or create new products. However physics research soon led to results that changed society and engendered new industries, with such efforts as exploring the thermodynamics of evaporating gases to create cold temperatures, which led to refrigeration technology in the late 19th century; and the exploitation of electricity and electromagnetism by Samuel F. B. Morse to invent the telegraph in 1844, by Alexander Graham Bell to create the telephone in 1876, by Guglielmo Marconi to project radio waves across the Atlantic Ocean in 1901, and by various inventors whose work produced electronically transmitted television in 1926.

Now many enterprises rely on applied physics and the engineering it supports. Examples funded by governments include exploration of space by NASA, ESA, and other national programmes; nuclear weapons development in the US and elsewhere; and the satellite monitoring of our planet's land areas, oceans, and atmosphere.

On the commercial side, physics principles have led to such pivotal devices and systems as the computer chip, the laser, radar, and magnetic resonance imaging (MRI), which lie at the heart of high-tech areas like digital electronics, photonics technology that manipulates light, and medical and consumer technology. The areas of condensed matter and materials physics, which among other research study technologically important materials like semiconductors, play big roles in bridging the gap between basic physics and device engineering. Condensed matter physics was the largest sub-area among US physics PhDs awarded in 2013 and 2014, and, together with materials physics and other applied sub-areas, makes up some 40 per cent of the total.

Other physicists explore the universe in the pure spirit of the Greek philosophers, aiming only to understand nature. Unlike industrial physics research applied to corporate goals, this is non-commercial research carried out at universities, or installations like CERN and LIGO. University researchers and national or international laboratories receive government funding, some of it at massive levels for exotic equipment like elementary particle accelerators, telescopes for astrophysics research, and spacecraft to explore the solar system and beyond (in the US, companies like SpaceX are beginning to privatize the government involvement in space technology). Theoretical work does not require hyper-expensive experimental apparatus, but typically needs high-level computation capability that brings its own costs.

Despite the apparent sharp distinction between 'pure' and 'applied' physics, they can connect in unexpected ways. A fundamental piece of evidence that the universe began in a 'Big Bang' is the cosmic microwave background (CMB), electromagnetic waves that originated in the early universe and fill all space. These were accidentally discovered using equipment built for commercial purposes. Conversely, the global positioning system (GPS) of space satellites uses the pure physics of general relativity to accurately determine real-time locations on the Earth's surface for civilian and military use.

Physics is what physicists do

Another way to define what physics is about, or at least to take its snapshot in a given era, is to look at what its practitioners are actually doing. However much physics may be defined in terms of its ideas and practices, it is also a living science defined by what interests and engages physicists at a given time.

But who or what is a physicist? Though the title goes back to the 19th century, there are still different definitions. A Bachelor's or Master's degree is sufficient background for some physics-related jobs but a PhD is necessary to conduct high-level research or teach university-level physics. Other criteria are publishing in physics journals or belonging to a physics society. That last indicates a professional commitment and has global weight because most advanced countries have such an organization: the American Physical Society (APS) in the US, the Institute of Physics in the UK with some 50,000 members, the German Physical Society (the world's biggest, with 62,000 members), and so on. With this as a criterion, a recent estimate is that there are 400,000 to 1,000,000 physicists worldwide, compared to about 1,100 physicists worldwide in 1900.

We can compare what physicists are doing now to what they were doing then. At the First International Congress of Physics in 1900, 60 per cent of the attendees had teaching positions, including university posts that also involved research; 20 per cent worked in industry, and 20 per cent in government. In 2014–16, various statistical sources for the US still showed up to 20 per cent in government but the academic percentage has dropped to no more than about 33 per cent, the difference being that the remainder is now employed in private sector research and development.

Physics research has evolved too. The keynote talks and contributed papers presented at the 1900 Congress covered classical mechanics, electricity and magnetism, light and optics, and thermodynamics along with the recent discovery of radioactivity, with a few papers on the properties of solids and other topics. Quantum theory and relativity theory had yet to be announced and the Congress had little to report at the large scale;

papers in the section called 'cosmic physics' mostly covered earthly and solar phenomena.

Today, judging by membership in the separate research divisions of the APS, about 20 per cent of physicists work in pure physics at the frontiers of the small and the large in nuclear and elementary particle physics, and astrophysics and gravitational physics—areas just being born in the early 20th century. The biggest single area is condensed matter physics, which garners 12 per cent of the membership and overlaps with materials physics at 6 per cent. The study of matter has grown far beyond its small role in 1900 to form a major part of basic research and in applications such as nanotechnology. Other areas where significant numbers of physicists carry out research are atomic, molecular, optical and laser physics. Even where these overlap with the topics covered at the 1900 Congress, they have been transformed by quantum theory.

Physics and life

Surveying the different definitions of physics shows the many facets of the science and how they change, but they all lie within the general definition 'the study of matter, energy, and the interaction between them'. Especially recently, however, the totality of physics has gone beyond its scope as defined in the *Oxford English Dictionary*: 'The branch of science concerned with the nature and properties of non-living matter and energy, in so far as they are not dealt with by chemistry or biology'. This is not quite complete, for physics has dealt with living biological systems for a long time and with chemical ones too.

Biological physics or biophysics was in evidence at the 1900 Physics Congress, which included five talks on the subject, and goes back at least to the 18th-century work of Luigi Galvani in what he called 'animal electricity'. Defined as investigations of 'the physical principles and mechanisms by which living organisms survive, adapt, and grow', and applying to all levels of life—from molecular and cellular to whole organisms and ecosystems—today it is a multidisciplinary area that overlaps with molecular biology and computational biology, and has its own professional societies and journals. Chemical physics too has a long history. It is the study of chemical systems from the viewpoint of the atoms that make them up. It was already known as a specific research area in 1900, and continues as a division of the APS and in dedicated journals.

These two blended areas show how the generality of physics in dealing with matter and energy allows it to mesh with other sciences, extending its definition and impact. We have not only biological physics and chemical physics but also astrophysics, which applies physical principles to interpret astronomical observations and probe the nature of celestial bodies; geophysics, the application of physical principles to understand the structure of the Earth along with its oceanic and atmospheric behaviour, with applications to the study of other planets as well; environmental physics, medical physics, and more.

Depending on how physics develops, a century from now its sub-areas and companion sciences might look different, or it could even be fundamentally redefined. If string theory or another theory were to successfully combine the Standard Model with general relativity, that would be the greatest correlation in physics yet; or if none of these approaches works we would be left either without a Theory of Everything—though physics would continue to progress even so—or possibly with the greatest upheaval in physics, the revolutionary option to bypass experimental verification.

Whatever that outcome, the current state of physics depends on how physicists in the past performed experiments and proposed theories, then interacted until a valid theory was hammered out, and how they continue to do so today.

Chapter 3
How physics works

After centuries of natural philosophy that became the science of physics, and especially in the last two centuries, physics has reached an enviable state. Today it is firmly grounded in classical physics, which accurately describes much of our immediate and relatively nearby world, the mid-range scale of the cosmos; and in modern physics, quantum mechanics and relativity, which describe much of the small and large scales of the universe that lie far beyond direct human reach.

A work in progress

These successes do not mean physics is stagnant. No contemporary physicist says 'we know all we need to about nature' or 'there are no new discoveries to be made' as some thought at the end of the 19th century. Perhaps having learned a lesson from that time, physicists today understand that physics still lacks important answers because of unexplained phenomena, because of new research tools, and because its aspirations, especially the quest for a Theory of Everything, have grown.

Among the unfinished work, there is the Standard Model that explains much but not all about elementary particles and omits gravity; quantum theory, which works well, but without our full understanding of its truly strange features; and the development of a theory of quantum gravity. Besides, many other questions, from the nature of dark energy and dark matter to what we still do not know even about ordinary matter, keep physics fresh and challenging.

How did physics reach this state? How did and still do physicists develop theories?—whether old incorrect ones, current ones we think are correct or mostly so, or theories-in-waiting that need confirmation. How did, and still do, other physicists decide what experiments they should perform to confirm or debunk theories or point towards new ones? And for both theory and experiment, how do we know they are 'correct'? Have physicists produced ideas and data that were just plain wrong, misleading, or badly interpreted, inadvertently or intentionally?

Above all, how do the two halves of the physics equation, theory and experiment, come together to produce truth, or 'truth' within the boundaries of physics? And how is physics research done in practice; who does it, and who pays for it? In short, how does physics work?

Basic beliefs

The answers are complicated. The content and intellectual style of physics have changed over the years, and individual researchers differ in how they choose and attack problems. Since the rise of classical physics and even earlier, though, some broad principles have applied to theory and experiment.

Two of these principles—or more accurately, philosophical positions—are implicit: that rational understanding of nature is possible, and that causes produce effects. Physics generally follows the rules for cause and effect put forth in 1738 by the Scottish philosopher David Hume: 'the cause and effect must be contiguous in space and time... the cause must be prior to the effect... The same cause always produces the same effect, and the same effect never arises but from the same cause', but has not always done so; for instance, in Newton's gravitational theory, bodies affect other non-contiguous bodies. These rules can also be prescriptive; one reason the theory of relativity bans communications that travel faster than the speed of light is that otherwise effects could precede causes, making time travel possible.

Another precept is useful in choosing among theories. Occam's (or Ockham's) Razor, from the 13th–14th century English philosopher William of Ockham, mandates that among competing hypotheses the simplest one with the fewest assumptions should be chosen. Besides aesthetic appeal, simplicity has a deeper value: a theory can always be made more complex to agree with data, as Ptolemy did with his geocentric astronomical model, but a theory stripped to bare essentials that still makes definite predictions can be more rigorously tested.

A third essential is faith in what the Nobel Laureate Eugene Wigner has called the 'unreasonable effectiveness of mathematics'. From early applications to today's mathematically sophisticated theories, we have found that the apparently abstract discipline of mathematics somehow maps onto the real world to reliably describe and predict its operations, often for phenomena beyond the original scope of the mathematics. Wigner notes that 'the enormous usefulness of mathematics in the natural sciences is something bordering on the mysterious' but this inexplicable usefulness is crucial for physics.

More specific to physics are its general conservation laws for properties that do not change over time in an isolated physical system. Besides the conservation of mass and energy, other conserved quantities are linear momentum, the product of mass and velocity for each element of a system such as two colliding billiard balls; angular momentum, for rotating systems like the planets in their orbits; and electric charge. Various properties of elementary particles are also conserved. These laws are absolute and constitute some of the great truths of physics. A theory or experimental result that violates them would be rejected, unless it incorporates a loophole that makes the violation only apparent, which can happen at the quantum level.

Motivation

Within these general guidelines, new theories and experiments arise from specific motives besides scientific curiosity. One goal for a theorist is to unite a set of data with a theory that accurately describes and predicts how some part of nature operates, as Maxwell did with electromagnetism, and as many theorists did to produce quantum physics and the Standard Model. Other goals may be to improve or extend an older theory, as when Copernicus put the sun instead of the Earth at the centre of the universe.

A crucial motivation comes when an established theory fails to replicate data, as when Max Planck had to invent the quantum to explain the observed pattern of electromagnetic radiation from a hot source; or when a theoretical approach raises internal questions or reaches an apparent dead end.

Experimentalists have varied interests as well. Some specialize in accurate measurements of important quantities, as Albert Michelson did for the speed of light. Others design experiments to test existing ideas, as Ibn al-Haytham did to determine if light originates from the human eye or from external sources. Some are inspired to make observations or carry out experiments to verify—or not—new theories, which is not always easy. It took whole scientific expeditions to confirm Einstein's theory of general relativity, and it requires incredibly delicate experiments to confirm certain quantum effects.

Least predictable is the role of serendipity in physics discoveries, which besides luck requires alert and curious experimenters who see an anomaly and follow it up. Fortunately these were on hand to discover X-rays in 1895 and the CMB in 1964. Serendipity happens in theoretical work too. In 1961, the American meteorologist Edwin Lorenz noticed that entering 0.506 instead of 0.506127 for the starting value of a variable in his computer-generated weather predictions radically changed two months of simulated weather. That began Lorenz's contributions to chaos theory, the study of systems whose dynamic behaviour depends strongly on starting conditions, summarized by Lorenz as the 'butterfly effect', the tiny flap of a butterfly's wings that might eventually produce a tornado.

Experiment becomes important

The relationship between theory and experiment has changed as physics has developed. Aristotle and other early natural philosophers asserted propositions about the real world that might fit into their overall intellectual schemes but were not backed up by data. When later in the history of physics new theories were put forward, their validity did not stand solely on assertions or even on mathematical consistency: they were expected to organize or explain known data and to make predictions that could be confirmed by experiment.

Once established, the experimental approach took different forms. Some breakthroughs came from just one or perhaps two researchers such as Galileo for mechanics, and Newton for light, in the early days of physics; Thomas Young, and Michelson and Morley, in the 19th century; and many in the 20th such as the American physicist Theodore Maiman who invented the first working laser in 1960. At the First International Congress of Physics in 1900, the experimental presentations had only a single author except for a handful with two (including a talk by Pierre and Marie Curie). This scale of small-group experimentation with 'table-top' equipment continues; for instance, the 2010 Nobel

Prize in Physics went to two University of Manchester researchers for their work on graphene, a two-dimensional form of carbon.

Other experiments are carried out by teams of up to thousands of physicists at a given installation or linked globally by the Internet, using huge machines like accelerators and gravitational wave detectors with construction and operational costs of billions of dollars. These 'big physics' efforts along with table-top ones are funded within government laboratories or by grants to academic researchers from governmental agencies, such as NASA, the Department of Defense (DoD), and the National Science Foundation (NSF) in the US. Governments do not necessarily value physics as a key to fundamental knowledge, but they see its importance in supporting applications from consumer and medical technology to military use, so enhancing economic growth, citizen well-being, and national security.

The boundaries between table-top and big physics can be fluid. My own career as an experimentalist has involved small groups of students and colleagues using lab-size lasers and spectrometers, and other efforts at huge installations like the Los Alamos National Laboratory in New Mexico, and the Brookhaven National Laboratory on Long Island, New York, where my research used a synchrotron, a powerful ring-shaped light source nearly a kilometre around.

In contrast to the need for physical facilities and research teams, theorists can develop ideas or entire theories pretty much on their own. Electromagnetic theory, relativity, quantum theory, and string theory or their seeds came from individuals who needed only time to think and talk to colleagues, access to data and other theories, mathematical proficiency, and pencil and paper, or later, a calculator or computer. Other theorists might then refine and expand the original idea while experimentalists work to confirm it.

Today mixed groups of experimentalists and theorists operate at research centres like national laboratories and universities; for example, the physics faculty at the Massachusetts Institute of Technology (MIT) includes twenty-six experimentalists and twenty theorists in nuclear and particle physics. This encourages the creative day-to-day interchange of ideas besides what occurs more formally in physics conferences and through research publications. Gathering data and working out its implications can take years and the efforts of many researchers before the results become established physics wisdom, the process that formed the Standard Model.

Theorists and experimentalists use different skills. All physicists need mathematical ability but theorists must master deeper levels of mathematics as a tool; Einstein needed highly abstract mathematics to develop general relativity. Experimentalists may use commercial equipment such as lasers; but for novel experiments they must know how to design and often themselves build specialized apparatus, such as the massive installations that detect elementary particles at CERN, and must know how to analyse data and judge its reliability. Both types of physicist, however, use similar personal qualities of creativity, imagination, and intuitive insight into physics to choose and pursue significant research problems.

These abilities may show up during undergraduate study but the committed choice of theory or experiment and the honing of expertise and physical intuition happens in graduate work. After earning a Bachelor's degree, physicists who want to do original research invest another six years on average to finish a dissertation and earn a doctor of philosophy (PhD) degree under an adviser. Often they go on to postdoctoral work in a research group before starting an independent career.

In the US nearly 1,800 people earned physics PhDs to qualify as researchers in 2012, a number that has trended upwards for over a century and has come to include more international recipients and more women. Only a few women participated in 19th- and 20th-century physics; earlier figures such as Marie Curie, the theorist Emmy Noether, and the astronomer Henrietta Leavitt have been followed by more recent figures such as the astronomers Jocelyn Bell and the late Vera Rubin, and the late condensed matter physicist Mildred Dresselhaus. Even by 1983, only 7 per cent of US physics PhDs went to women. By 2012 that had nearly tripled to 20 per cent, leaving women still a distinct but growing minority in the 21st century (and in this century, the Canadian laser physicist Donna Strickland shared in the 2018 Nobel Prize in Physics).

The flavour of the interaction between experimentalists and theorists, and experiment and theory, appears in case studies of some high points in physics. These show how the two areas arose and now influence each other in different ways, from painstaking analysis of data to accidental discoveries and moments of inspiration.

Measuring the Earth with a shadow and a stick

Extending natural philosophy to the realm of physical measurements, around 240 BCE, the scholar and mathematician Eratosthenes, chief librarian of the famous Library of Alexandria, obtained an early geophysical result when he determined the circumference of the Earth. He noted that on the date of the summer solstice in Syene, Egypt (now the city of Aswan), the shadow of a person looking into a deep well blocked the reflection of the sun, which meant it was directly overhead. At the same date and time, in Alexandria far north of Syene, when he measured the length of the shadow of an upright stick cast by the sun, he found that the sun appeared displaced 7.2 degrees from the vertical, 1/50 of a full circle of 360 degrees (Figure 5). Therefore the known distance between the two cities was 1/50 of the Earth's circumference.

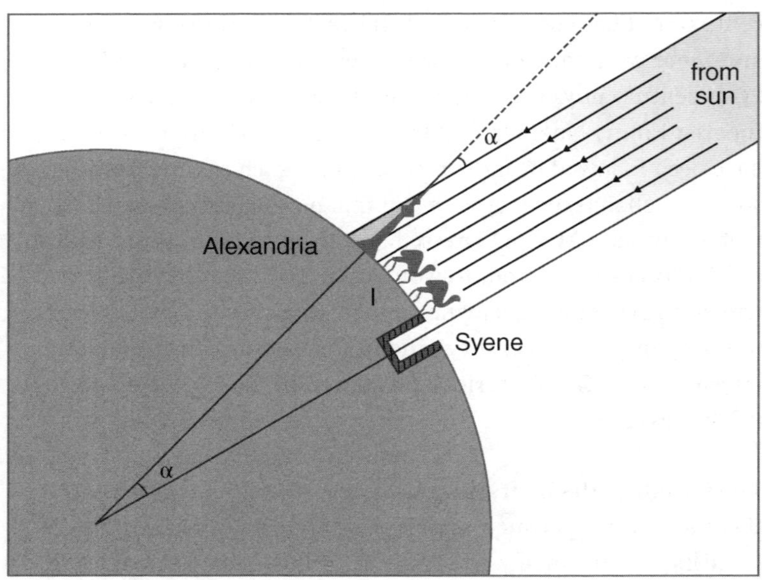

5. **The Greek scholar Eratosthenes determined the Earth's circumference *c.*240 BCE.**

When Eratosthenes did the mathematics, his result for the circumference—allowing for uncertainty in converting the units he used into modern units—was remarkably close to the correct value, 40,000 kilometres. This foray into actual measurement showed the power of careful observation, experimental data and its analysis, and also that underlying assumptions matter. Eratosthenes, after all, had to start with the premise that the Earth is round.

Data, modelling and gravitational theory 1.0

The astronomical models that Ptolemy, Copernicus, and Kepler constructed also depended on data in the form of astronomical observations, and on the assumptions built into the models. In the 2nd century CE Ptolemy's model incorporated the belief that the heavenly bodies travel around the Earth in perfect circles. To make this agree with all the observed behaviour of the planets such as retrograde motion—their apparent backwards movement at certain times—each planet was postulated to move in a small circle called an epicycle whose centre moved around the Earth in a large circle called the deferent, and the Earth was relocated from the exact centre of the heavens.

The Ptolemaic model was the standard for predicting astronomical behaviour for over a millennium until Copernicus improved it in 1543 by putting the sun, not the Earth, at the centre of the universe. This neatly explained retrograde motion as due to the movement of the Earth relative to the other planets and put the planets in correct order of distance from the sun. But the model continued to take planetary orbits as circles so it still required epicycles and was not more accurate than Ptolemy's, until Kepler provided the final adjustment. After carrying out hundreds of pages of hand-written calculations based on Tycho Brahe's accurate observational data for the position of Mars, Kepler concluded that the planets move in elliptical orbits and obey two other laws of planetary motion.

Then Newton changed physics by relating these three laws to a single physical cause. His theory of universal gravitation summarized Kepler's results in an equation for an attractive force acting between the sun and a planet—or between any two bodies—along the line joining them and varying inversely with the square of the distance between them. This simplification followed Newton's own paraphrase of Occam's Razor: 'We are to admit no more causes of natural things than such as are both true and sufficient to explain their appearances'.

Newton's theory accurately described planetary motion but needed to be tested in the laboratory as well, as was first done in 1797 by the English physicist Henry Cavendish. His clever arrangement put a small lead mass at each end of a rod some 2 metres long that was suspended from a wire. Near each of the masses, on opposite sides of the rod, he put a 158 kilogram piece

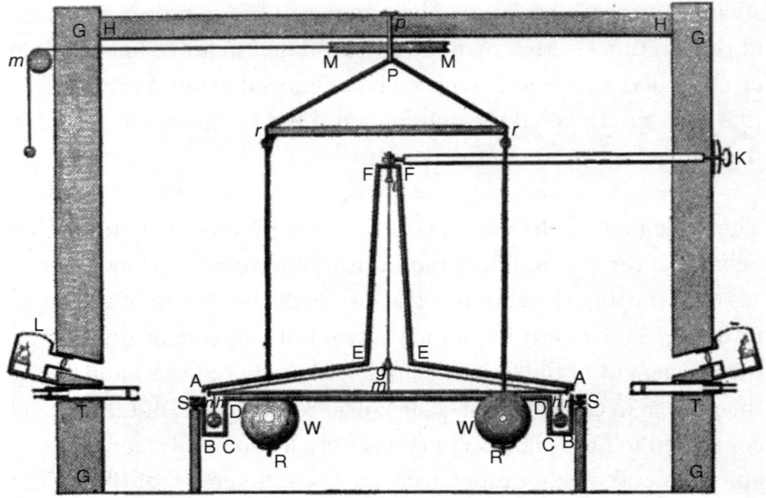

6. Henry Cavendish measured gravitational effects in 1797 to test Newton's theory.

of lead (Figure 6). As Newton predicted, gravity acted between the big and small masses, producing a turning force that made the rod rotate until the wire exerted an equal and opposite twist. From this Cavendish found the gravitational force between the masses and determined a value for *G*, the gravitational constant in Newton's theory, within 1 per cent of the modern value.

A *Gedankenexperiment* and gravitational theory 2.0

This might seem to end the search for a theory of celestial motion but Newton's approach had problems. Though gravity as a force was a natural idea within his mechanistic universe, it brings up the troublesome issue of 'action at a distance', that is, non-contiguous cause and effect as objects somehow influence each other without physical contact. Newton himself found this unsatisfactory. Another problem is that Newton's theory requires that gravitational effects travel instantaneously between bodies, but special relativity forbids travel faster than light.

Albert Einstein resolved these issues in 1915 by treating gravity differently. His theory of general relativity sprang out of Einstein's unique creative approach, a *Gedankenexperiment* ('thought experiment' in his native German). He has related how in 1907 he visualized a scene that at first startled him and that he later called his 'happiest thought:'

> I was sitting in a chair in the patent office at Bern when all of a sudden a thought occurred to me. If a person falls freely, he will not feel his own weight.

This apparently simple insight turned out to be profound, for from it Einstein reasoned his way to the view that gravity depends on the geometry of spacetime, the four-dimensional entity he had derived in special relativity. In general relativity, a big mass like a star distorts spacetime, changing the straight line path an object would follow in empty space into the orbital motion of a planet and all other gravitational effects. The American theorist John Wheeler summed this up in a pithy epigram: 'Spacetime tells matter how to move; matter tells spacetime how to curve'.

The theory was validated when the English astrophysicist Arthur Eddington mounted an expedition to the island of Príncipe near Africa, and Greenwich Observatory sent one to Brazil, to view the total solar eclipse of 1919. There the temporary darkness made it possible to confirm Einstein's prediction that light from a distant star would bend by a certain amount around a massive object like our sun. This result created a huge splash in the press and made Einstein world-famous.

Other experiments confirm that the flow of time changes in a gravitational field as the theory predicts. General relativity also accounts for discrepancies in the orbit of the planet Mercury, and in 1916, it was used to predict the possibility of black holes, which have since been found. Its last major prediction, that massive cosmic events like a collision between black holes produce gravitational waves travelling at the speed of light, was confirmed by LIGO in 2015.

Do these great successes mean Newton's theory is wrong? No; it works well as a limiting case of general relativity for bodies moving far below the speed of light or not too near a star, and it is mathematically simple. General relativity has been called the most beautiful physics theory because of its elegant idea that gravity comes from spacetime, the very fabric of the universe. But the theory uses ten complicated nonlinear equations that can be fully solved only by computer, satisfying Occam's Razor in conceptual but not mathematical simplicity. A more serious issue is that its geometric nature makes the theory unlike any other in physics including the Standard Model, one reason that merging the two is difficult.

Small scale serendipity

In contrast to the long search that led to a theory of gravitation, requiring much poring over data and succeeding improvements to the theory, other important findings in physics have been sudden and unexpected. These might not have been appreciated without an approach that brings both curiosity and scientific thoroughness to the study of nature; as the great French biologist and chemist Louis Pasteur put it in 1854, 'In the fields of observation chance favours only the prepared mind'.

One example is Röntgen's discovery of X-rays in 1895, which won him a Nobel Prize. He noticed that when he turned on a Crookes tube in his lab, a fluorescent screen 3 metres away began to glow though the tube was covered with opaque material. Röntgen found that the glow was not due to cathode rays but to an unknown type of penetrating radiation, later shown to be very short wavelength electromagnetic waves. One early X-ray image showed the bones in his wife's hand, a remarkable result soon put to use for medical imaging (Figure 7).

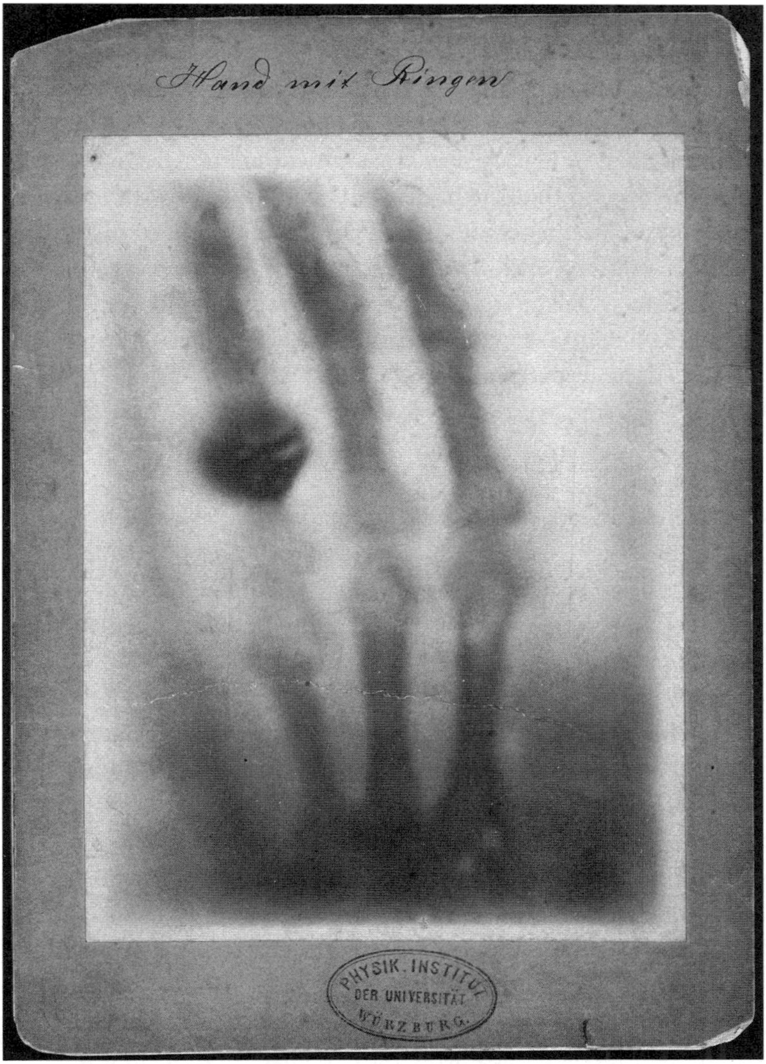

7. **Soon after discovering X-rays in 1895, Wilhelm Röntgen displayed the bones in his wife's hand.**

Röntgen's sensational accident led to another. The French physicist Henri Becquerel had been studying phosphorescent uranium compounds, theorizing that they might absorb sunlight and re-emit it as X-rays. In 1896, he put the compounds and some photographic plates into a dark drawer and was later surprised to find that the plates had been exposed without a light source. Further work showed that the uranium compounds and pure uranium emit X-rays and other radiation entirely spontaneously. Becquerel had discovered radioactivity, and shared the 1903 Nobel Prize in physics with Marie and Pierre Curie who continued the research.

Large scale serendipity and cosmic origins

These accidental discoveries at the small scale were matched by two at the large scale of the universe. Intriguingly, both had roots in engineering projects carried out at Bell Telephone Laboratories, Holmdel, New Jersey for commercial rather than research purposes.

In 1928, the American physicist Karl Jansky, working at Bell Labs, was seeking sources of static that would interfere with a new transatlantic radio telephone service. His antenna at Holmdel detected static from thunderstorms and also registered a signal from no known source. Tracking the signal over time and in different directions, he concluded that it came from near the centre of our own Milky Way galaxy. His paper in 1933 about the first radio signals from beyond the Earth, 'Electrical disturbances apparently of extraterrestrial origin', received wide attention. Bell Labs rejected his proposal to build a bigger dish-style antenna for further study, which would have been the first radio astronomy observatory, but radio astronomy went on to flourish.

Three decades later, Bell Labs radio astronomers Arno Penzias and Robert Wilson made another fortuitous discovery not far from the site of Jansky's antenna. In 1964, while detecting radio waves from space using a horn-shaped antenna 6 metres tall, originally built to test signals from communications satellites, they found an unexpected signal at the microwave wavelength of 7.35 centimetres. It did not come from known extraterrestrial sources or from terrestrial ones such as nearby New York City, nor was it an artifact due to pigeon droppings on the antenna. It was a real signal, pervasive and unchanged no matter where in space they pointed the antenna, and it needed an explanation.

At the time there were two different ideas about the origin of the universe, which was known to be expanding as observed by Edwin Hubble in 1929. In the steady state theory, the universe remains homogenous and unchanging as it expands because new matter is being continuously created. In the Big Bang theory, the universe began from a single point and extremely high temperatures and expanded to reach its present state. Penzias and Wilson found that the American physicist Robert Dicke had calculated that a Big Bang would leave a residue of space-filling electromagnetic waves, the cosmic microwave background or CMB. This oldest radiation in the universe would be of the type called blackbody radiation.

Blackbody radiation is emitted by the vibrating atoms in any object whose temperature is above absolute zero, with an intensity and spectrum that depend on the temperature. Our sun emits this radiation at about 5,800 kelvin (5,500 degrees Celsius), much of it at the wavelengths we see, 400 nanometres to 750 nanometres. Dicke had predicted that space would be filled with microwave blackbody radiation originating at around 3 kelvin (–270 degrees Celsius, nearly at absolute zero), the temperature of space after the universe cooled down from billions of degrees. When the initial measurement by Penzias and Wilson was later extended over the whole microwave range, the data exactly matched theory for a blackbody at 2.7 kelvin. This spectacularly good agreement was strong evidence for the Big Bang, now the accepted theory.

A radical quantum theory

Long before the time of Penzias and Wilson, physicists in the late 19th century tried to develop a classical physics theory of blackbody radiation but their efforts disagreed with experimental spectra. After wrestling with the problem, the German physicist Max Planck introduced something new by assuming that the total energy of the vibrating bodies generating the radiation was composed of many extremely small and separate units of energy. This led to a new equation that Planck announced in 1900. It fitted experimental data perfectly and is still used for blackbody radiation calculations including the CMB.

Planck thought his assumption was just a mathematical trick, but he was doing something profound by imagining separate packets of energy, or quanta. Without fully grasping it this 'reluctant revolutionary', as the science historian Helge Kragh calls him, was laying the roots for quantum mechanics, the theory of the small and one of the two great disruptive theories of 20th-century physics. Few of his peers immediately saw the implications and quantum theory did not receive much attention until the 1911 Solvay Conference with the theme 'On radiation theory and the quanta'.

However, Einstein was an early adopter. In 1905, he created the idea of quantized packets of light energy, later called photons, to explain the photoelectric effect where impinging light knocks electrons out of a metal plate, and earned a Nobel Prize. This introduced the puzzling quantum wave–particle duality where light behaves both as a wave and a particle-like photon. In 1924 the French theorist Louis de Broglie surmised that the same duality occurs for matter. Soon after, the American experimentalists Clinton Davisson and Lester Germer, working at Bell Labs, showed that electrons can scatter from the atoms in a crystal just as waves do. In 1928 other experiments showed that light interacts with an electron like one billiard ball hitting another, further establishing the reality of photons. Both light and matter, it seemed, could be both wave and particle.

Meanwhile theorists further explored quantum physics and the wave nature of matter. In 1926, the Austrian theorist Erwin Schrödinger derived an equation to describe quantum systems. Instead of using Newton's law $F = ma$, Schrödinger's equation describes the motion of 'matter waves' in a way that conserves energy. This yields the mathematical 'wave function' from which one can calculate the position, energy, or any other property of a quantum object such as an electron in an atom. But these can only be given as probabilities; it was no longer possible, for instance, to put an electron at a definite location in space but only to give a range of possibilities.

This 'fuzziness' in our knowledge also shows up in the Uncertainty Principle. As derived in 1927 by the German physicist Werner Heisenberg, this states that in the quantum world it is impossible to simultaneously know some quantities such as the position and momentum of an electron with absolute precision. Einstein was unhappy with this indefiniteness, believing that there is an underlying determinism in nature. Other aspects of quantum theory also remain perplexing. Nevertheless, the theory works well. By the 1930s, the Schrödinger equation was being successfully used to explain the properties of atoms, of metals, and of semiconductors, the materials that would come to underlie digital electronics and the computer age.

But the Schrödinger equation was not complete because it omitted special relativity. In 1928, the British theorist Paul Dirac derived a new equation that combined quantum theory and special relativity to describe electrons moving near the speed of light. This gave an unexpected result, implying that for every elementary particle such as an electron there exists an 'antiparticle' that is identical except with opposite electric charge. Dirac's astonishing prediction was confirmed in 1932 with the discovery of the positron, the antiparticle to the electron. Other antiparticles have been found since and now we know that antimatter is part of the universe. Matter and antimatter annihilate each other in a flash of energy when they meet, but such eruptions are not often seen because there is little antimatter in the universe.

Dirac also made initial steps towards a quantum field theory of electromagnetism that includes relativity, to deal with photons travelling at the speed of light. After considerable further effort by many contributors, in 1948 the American theorists Richard Feynman and Julian Schwinger, and the Japanese theorist Shin'ichiro Tomonaga finally developed quantum electrodynamics (QED), the quantum theory of electromagnetism. It shows how light and matter interact by exchanging photons and was confirmed through its extremely accurate numerical predictions for the energy levels of a hydrogen atom.

QED explained electromagnetism, one of the four fundamental forces in the universe. Further work showed that two of the other three forces also come from the exchange of elementary particles. The strong nuclear force, which holds quarks together to make protons and neutrons and binds these into atomic nuclei, arises from the interchange of massless particles called gluons. The weak nuclear force, which appears in radioactive decay, arises when neutrons, electrons, and other particles exchange any of three types of particles called W^+, W^- and Z bosons. (Electromagnetism and the weak force are now known to be aspects of a unified 'electroweak' force.)

After much effort since the mid-20th century, all these results evolved into the Standard Model, which organizes all the known elementary particles into groups (Figure 8). Besides photons, gluons, W^+, W^- and Z bosons—the five so-called 'gauge boson' particles that carry forces—the model includes six quarks and six leptons that make up matter. The theory was experimentally

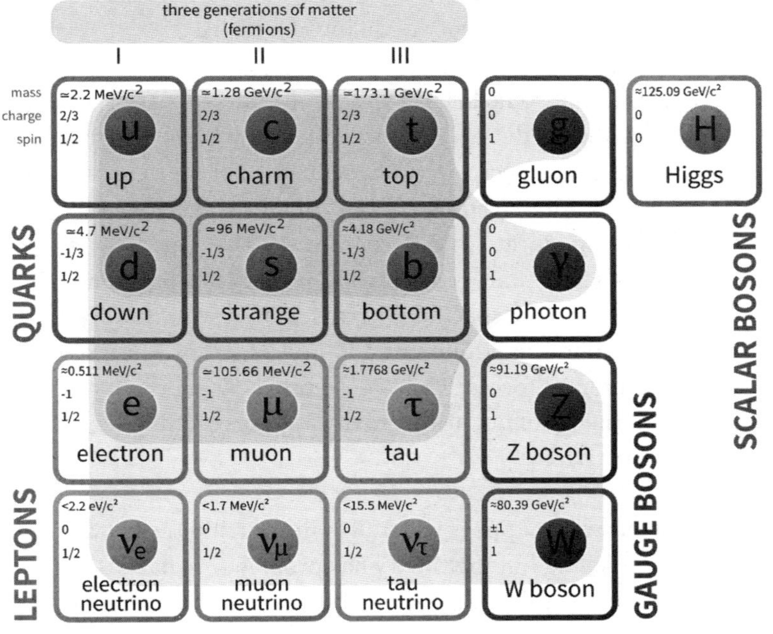

8. Efforts by many physicists led to the Standard Model, the quantum field theory of fundamental particles.

verified when the particles it predicted were detected; the first two types of quarks in 1968, followed by the remaining four types of quarks, other elementary particles, and finally the Higgs boson (also called a 'scalar boson') in 2012.

Strings and the multiverse

The Standard Model is a triumph of modern physics but it is incomplete. It does not predict all the properties of elementary particles or include dark matter. Most frustrating, it has so far proven impossible to combine it with general relativity to incorporate gravity. The quantum world is discontinuous whereas spacetime as it appears in general relativity is smooth, and it is difficult to conceive that it may have a discontinuous nature. Each theory is valid in its own arena but they are not easily combined into a single theory of quantum gravity.

The approach that some believe will resolve the impasse is string theory. Drawing on decades of theoretical work, its central idea is to replace the accepted view of elementary particles as point-like masses with one-dimensional entities called strings. Like a guitar string, these can vibrate in different modes that correspond to all the known elementary particles and introduce a brand new one, the graviton—the speculative particle that would cause gravity just as photons, gluons, and W and Z bosons cause the other fundamental forces. This would make string theory the long-sought theory of quantum gravity and a possibility for a Theory of Everything.

Having the graviton appear naturally out of string theory would be deeply satisfying but the theory has problems. It has yet to produce a testable prediction and will be difficult or impossible to verify by experiment. The strings at its heart are 10^{-35} metres long, far too small to observe by any means we can conceive. The theory also requires more than the four dimensions of spacetime—up to eleven dimensions, seven of which are hidden because they are 'compactified', curled up to become too tiny to discern in normal experience or by any experiment within our grasp.

There is also a complicating structural issue. The extra dimensions in the theory can be configured in up to 10^{500} different ways, corresponding to that many universes with diverse physical properties that together comprise the so-called multiverse. But it is highly questionable whether we can observe these supposed other universes, and their variety may make it impossible to obtain definite predictions. The American theorist Paul Steinhardt has called the multiverse a 'Theory of Anything' that is of little value because it 'does not rule out any possibility' and 'submits to no do-or-die tests'.

Because the mathematical structure that string theorists have built seems unlikely to be confirmed by experiment, many physicists dismiss it. But its champions think it is probably correct. They suggest that the theory should be accepted without experimental verification, and the philosopher of physics Richard Dawid has proposed that physicists should consider entering an era of 'post-empirical science'. Others, such as the theorist George Ellis and astrophysicist Joe Silk, find this idea deeply harmful to the integrity of physics; and the German theorist and blogger Sabine Hossenfelder has written that the very idea of 'post-empirical science' is a contradiction in terms. But the LQG theory that quantizes spacetime instead of postulating the existence of strings is an alternative approach, and projected measurements of quantum effects in space may provide the stimulus of new data.

The human factor

The fact that physicists have different opinions about the value of string theory has an important sub-text. It reminds us that physics is done by people, whose personal qualities and individual approaches matter along with their scientific insight. Despite their training, as in any human activity, physics researchers are subject to error and are propelled by personal as well as scientific motivations—the desire for success and recognition; the powerful impulse to 'scoop' a competitor or prove one's own ideas right; and the desire for promotion, academic tenure, and research funding, which are not easy to obtain.

Personal motivations typically enhance the drive and commitment necessary to do good research, but if these motivations overcome sound judgement and lead to poor, misleading, or even fraudulent work, then, like science in general, physics needs to be self-correcting. Unverifiable results should be and have been caught by peer reviewers or other researchers. Examples of research gone wrong like the supposed observation in 1989 of cold fusion—the generation of energy from hydrogen nuclei merging at ordinary temperatures rather than the hundreds of millions of degrees known to be necessary—and its swift debunking are signs that physics can fix itself when needed.

Subjective motivations, not objective scientific quality, can also influence the research problems physicists choose. The British theorist Roger Penrose has written about the 'fashionable' physics of an era, meaning a focus on a single strategy for dealing with a given problem without properly evaluating its validity. This happened in the past, he argues, with the wide acceptance of the Ptolemaic model and has happened with string theory, where a 'bandwagon' effect may cause researchers to fear they will be sidelined unless they follow the prevailing fashion.

Changing how physics works?

The correctness of a theory is not decided by popular vote or by counting how many people are working on it, but by whether it agrees with experiment, an approach that began when Galileo's experiments in mechanics showed the importance of empirical data. For nearly 400 years that has been a successful model but the difficulties with quantum gravity have led some to question the empirical approach. This may lead to a critical moment, but we should remember that physics weathered the twin revolutions of relativity and quantum physics, and emerged stronger. Whether quantum gravity and a Theory of Everything remain forever out of reach, or answers finally appear, the search for them deepens our understanding of nature.

In any case, much of today's physics operates differently. Rather than concentrating on general theories that explain the universe, these efforts extend into applications and into related scientific areas that successfully explore the universe and deeply affect our own lives.

Chapter 4
Physics applied and extended

Physics is what physicists do, I wrote earlier. By that criterion, the Greek natural philosophers whose ideas led to physics might be surprised at what some of today's physicists are up to and what that means for physics. Apart from the 20 per cent of researchers who study the pure physics of quantum theory and relativity, the numbers I cited show that many physicists work in industrial and applied physics or in interdisciplinary areas like astrophysics and geophysics.

These connections arise because foundational physical concepts and theories like energy and quantum mechanics apply broadly across science, and serve as a basis for technology and its industrial use. What is particularly striking about partner areas like medical physics and environmental physics is that they directly affect daily life and society in ways that pure physics does not, but still depend on basic research as a foundation for their important applications.

Instruments and theories

These applications and connections come about in different ways. One route is through instruments and processes that use physical methods, or were created or discovered in physics labs but have wide uses outside them. X-ray imaging is a prime example.

It revolutionized medical practice soon after it was discovered, and has since been supplemented with MRI, ultrasound imaging, and other techniques based on physical principles that can examine and help heal the human body.

Another kind of connection arises when physical theories provide tools or a conceptual framework that supports other sciences or technology. Newton's explanation of ocean tides as due to the gravitational effects of the moon and sun is essential for geoscience; quantum theory is necessary for applications of light and lasers, and for nanotechnology; and the complex theory that describes the motion of liquids and gases underpins meteorological forecasting and climate modelling.

Some of these connections are long-standing. Astrophysics, geophysics, and medical imaging technology go back to earlier days. Others have arisen or gained new momentum in modern times. As biology moves to the molecular level and adopts quantitative approaches and physical techniques, research in biological physics has been invigorated. Environmental physics, a new field that is growing along with concerns about the human impact on the Earth, contributes by providing methods for the clean and efficient generation and use of energy. Nanotechnology and quantum computing are other emerging areas that depend deeply on physics, but the older interdisciplinary areas remain vibrant as well.

To the stars

Though astrophysics originated in the ancient science of astronomy, today it is an especially active blended area. It uses physics tools and principles to extend classic observational astronomy, which has for centuries tracked heavenly bodies. Applied physics broadens astronomical observation in the design of advanced optical telescopes and other telescopes and detectors for radio waves, microwaves, infrared and ultraviolet light, X-rays, and gamma rays—along with cosmic rays, elementary particles that come from deep space. Physics applied to rocketry and space technology makes it possible to put some of these observational platforms such as the Hubble Telescope into Earth orbit to avoid atmospheric interference.

Physical methods also serve to analyse data gathered by these devices to determine the dynamics and composition of planets, stars, galaxies, and the universe itself, from the CMB to the interstellar medium, dark matter, and dark energy. Further, we need relativity and the Big Bang theory to interpret these results.

One essential astrophysical tool is spectroscopy, the study of how matter emits and absorbs electromagnetic waves and other radiation. Newton performed an early spectroscopic experiment when he passed sunlight through a glass prism and saw a continuous band of colour varying from red to violet, the sun's blackbody spectrum spread out by wavelength. The German physicist Joseph Fraunhofer refined the method when he invented the spectroscope in 1814. This combination of a prism and a lens broke sunlight into its wavelengths at a higher resolution than Newton achieved, and showed many narrow dark lines overlaid on the colours of sunlight.

These lines were later shown to represent the composition of the source. A hot gas emits energy at definite wavelengths that come from quantized atomic transitions in the gas and provide a unique fingerprint for any atomic element such as hydrogen. Elements can also be identified in absorption spectra, when quantum transitions in the cooler outer layers of a star absorb radiation from its hotter interior and appear as dark lines where energy is missing at the characteristic wavelengths (Figure 9). Emission and absorption spectra tell us the make-up of astronomical bodies and have produced surprises. In 1868, a previously unknown

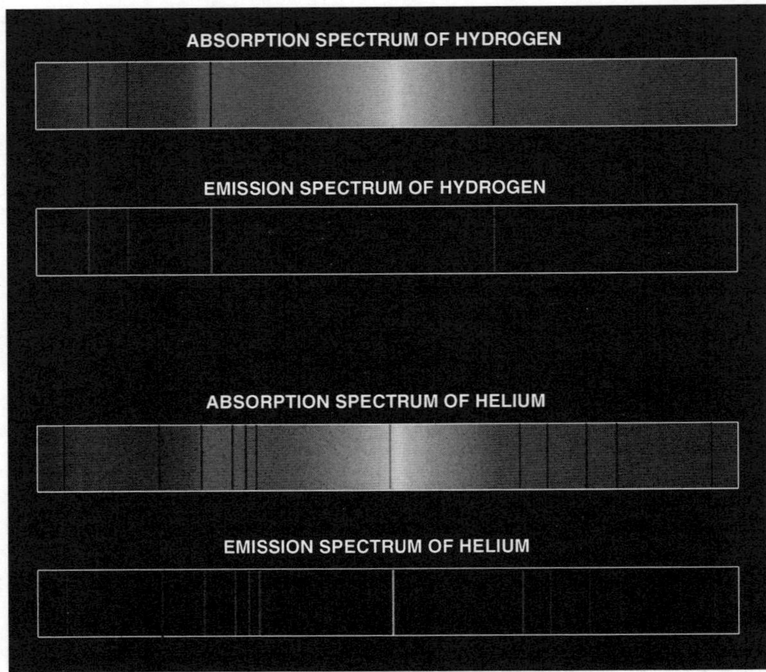

9. Quantum transitions produce characteristic spectral lines that show the composition of celestial bodies.

emission line at 587.49 nanometres was observed in our sun's spectrum. It was a signature of the element helium, a major component of active stars found only later on Earth.

Spectroscopic data also reflect celestial motion. In the Doppler effect, light from a moving object is shifted towards longer red or shorter blue wavelengths depending on whether the body is moving away from or towards the observer, by an amount that depends on the speed of the body. In 1929, Edwin Hubble noted the red-shifted light from galaxies he observed through the Mt Wilson telescope (see Figure 2), showing that they are receding from us and, it turned out, also receding from each other. Hubble's result was the first definitive observation that we live in an expanding universe.

Many other examples show the power of physics ideas in astrophysics and, conversely, the power of astrophysical observations to answer physics questions. For instance, the detection of gravitational waves by LIGO in 2015 is an important physics result.

Around and inside the Earth

Physics contributes closer to home as well through geophysics, part of the collection of related areas that includes geology, meteorology, oceanography, seismology, and terrestrial magnetism that examine and analyse our own planet and its phenomena. One example is earthquakes, whose study has a long history going back to the early Chinese. By the 19th century, physicists had designed instruments to measure and record the ground motion caused by earthquakes as the seismic waves they create travel through the Earth. Then researchers found that analysing these disturbances with the physical theory of wave behaviour in a medium could yield information about our planet's interior.

Using this approach, in 1906 the British geologist Richard Dixon Oldham showed that the Earth has a central core. Later study found a boundary between the core and the layer above it, the mantle, 2,900 kilometres below the surface. The analysis was extended in 1936, when the Danish geophysicist Inge Lehmann showed that the core has a solid inner part surrounded by a molten outer part; and in 1996, when the American geophysicists Xiadong Song and Paul Richards showed that the inner core rotates slightly faster than the rest of the Earth (Figure 10). Now earthquake analysis continues along with new methods to probe our planet, as in the Rotational Motions in Seismology (ROMY) installation near Munich, Germany, that will use lasers to study the Earth's structure, and in the search for mineral resources such as petroleum.

Physical methods also yield the age of the Earth. This had been much disputed in the late 19th century, as methods like thermal

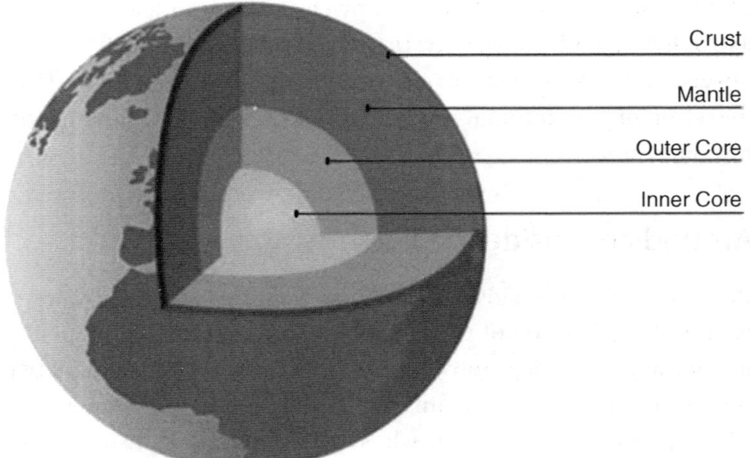

10. Much of what we know about the internal structure of the Earth comes from geophysical analysis of earthquake waves.

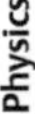

analysis gave values up to hundreds of millions of years rather than the biblical values of thousands of years. A more definitive approach, radioactive dating, began in 1907 when the American chemist and physicist Bertram Boltwood showed that uranium decays into lead. He measured the ratio of lead to uranium in rocks and obtained ages for the Earth up to 2.2 billion years. Finally in 1930 the British geologist Arthur Holmes refined radioactive dating to give a reliable geological clock, which today yields an age of 4.54 billion years for the Earth.

Another important application of physical ideas is in studying the Earth's climate and human-induced global warming. The basic mechanism, the Greenhouse Effect where atmospheric gases trap the sun's heat, was recognized by the French mathematician and physicist Joseph Fourier in the 1820s. In 1856, the American scientist Eunice Foote first showed that carbon dioxide (CO_2) effectively traps heat. Then John Tyndall further explored CO_2 and water vapour as heat-trapping agents, and the Swedish Nobel Laureate physical chemist Svante Arrhenius found a relation between the atmospheric concentration of CO_2 and global temperatures. These results and later research inspired today's understanding that human-caused processes are increasing CO_2 levels and raising global temperatures to harmful levels. The climate modelling that predicts the increase depends on theoretical and empirical studies of how solar radiation is absorbed, reflected and trapped to change the Earth's temperature.

Inside the body

Like the science of climate change, medical physics has 19th-century roots dating back to the discovery of X-rays and their ability to probe within the human body. Similarly, early research in radioactivity quickly led to the medical use of this new phenomenon. These threads continue in today's medical physics in various forms of imaging, in radiation therapy, and nuclear medicine as well as more recent approaches such as laser surgery and nanomedicine.

X-ray imaging remains an important diagnostic technique and has been further developed into computerized axial tomography (CAT) scanning, where many X-ray images of a patient are taken from different angles. A computer assembles these into a representation that shows soft tissues such as the brain and abdominal organs, which do not show up well in conventional X-ray pictures. One drawback of X-ray imaging is that these rays carry enough energy to ionize atoms and molecules by freeing their electrons and so can damage DNA. For this reason, modern techniques minimize patient exposure as much as possible.

However, X-rays can also kill cancer cells. The field of radiotherapy was initiated in 1900 when X-rays were used to treat skin cancers, and later, deeply buried tumours. Radiotherapy was extended with Marie Curie's discovery of radium in 1898. Its gamma rays were found to cause burn-like lesions to the skin like those from X-rays and radium therapy was quickly applied to cancer. Radium therapy was also considered something of a wonder cure for other ills—unfortunately without recognizing that gamma rays injure healthy cells, until the long-term harm of these rays was established in the 1930s. Madame Curie herself died in 1934 suffering from cataracts and anaemia or leukaemia, probably from years of radiation exposure.

Even where radium was properly used, it was rare and expensive, with only 50 grams available worldwide for radiotherapy in 1937. In 1935, the married couple Irène Joliot-Curie (daughter of Pierre and Marie Curie) and Frédéric Joliot won the Nobel Prize in Chemistry for discovering a substitute—artificial radioactive isotopes made by bombarding light elements like boron with helium nuclei. The medical value of these artificial isotopes was immediately apparent as expressed in the Nobel award speech to the recipients:

> The results of your researches are of capital importance for pure science, but in addition, physiologists, doctors, and the whole of suffering humanity hope to gain from your discoveries, remedies of inestimable value.

After World War II, nuclear reactors were used to create radioactive materials like ^{60}Co, the cobalt isotope of atomic weight 60, for radiotherapy. Then in the 1980s, the linear particle accelerator or LINAC offered an alternative. In a LINAC, electric fields bring electrons, protons, or ions to high speeds for research purposes. Medical LINACs accelerate electron beams that are used directly for radiotherapy or guided to smash into heavy metal targets to produce high-energy X-rays. Coupled with CAT imaging, these beams can be precisely targeted for maximum benefit and minimum undesirable effects.

Radioactive isotopes are also used in positron-emission tomography (PET), a practical application of antimatter that detects metabolic activity in the body. The patient is injected with a biologically active compound, typically a special formulation of the sugar glucose, that includes a weakly radioactive isotope. The isotope decays by emitting positrons, each of which travels a short distance in the body before encountering its antiparticle, an electron. They mutually annihilate, giving a burst of energy in the form of two gamma rays that travel in nearly opposite directions. These are detected externally and computer analysis tracks back their paths to determine their point of origin in the body.

After enough such events are analysed, the result is a three-dimensional image of regions where there is high metabolic activity. PET is most often used to display tumours and track the spread of cancer, but other applications include imaging the brain to confirm diagnosis of Alzheimer's disease. The method may also show promise to detect chronic traumatic encephalopathy, the degenerative brain condition that can appear in football players after repeated head trauma.

Physics provides other imaging methods as well. Medical ultrasound had origins in World War I when the French physicist Paul Langevin used underwater sound waves to detect submarines. This led to sonar (sound navigation and ranging), the World War II anti-submarine technique that uses ultrasound frequencies above 20,000 hertz, past human hearing. The Scottish obstetrician and gynaecologist Ian Donald learned about sonar during his wartime military service, and in 1958 found ovarian cysts in women using industrial ultrasound units designed to detect flaws in metal. Unlike X-rays, ultrasound does not harm cells and directly images soft tissue. It is now routinely used to examine foetuses in pregnant women (Figure 11) and to image bodily organs, even in real time with the echocardiography technique that displays a beating heart.

Another physics-based technique, MRI, grew out of nuclear magnetic resonance (NMR) spectroscopy, invented in the 1930s by the Nobel Laureate American physicist Isidor Rabi. NMR uses

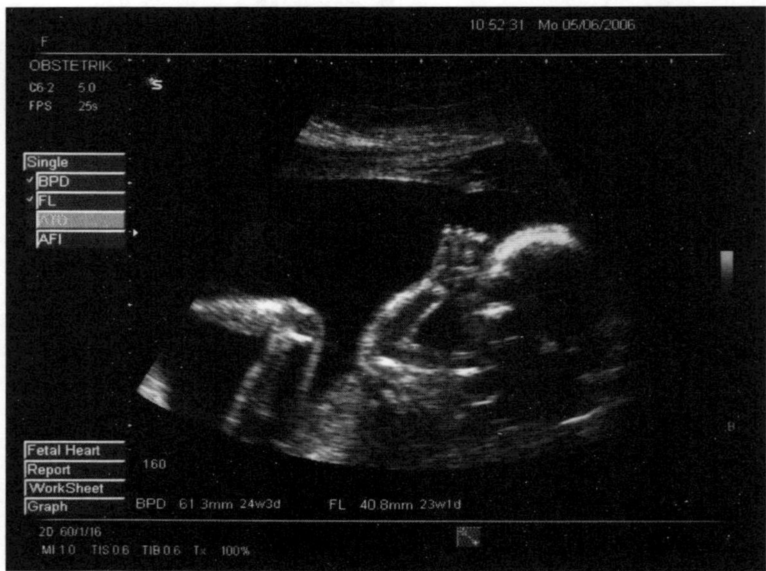

11. Techniques of medical imaging, as in this foetus pictured by ultrasound, depend on applied physics.

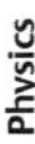

the fact that the protons and neutrons in atomic nuclei act like tiny compass needles with north and south poles. If the nuclei are put in a magnetic field, they occupy quantum levels and absorb electromagnetic energy at frequencies that match those levels. The absorption pattern is peculiar to the atoms or molecules involved, making NMR valuable to identify chemical species and study molecular structure.

Then other researchers found ways to observe NMR in biological systems, which always contain water molecules with hydrogen atoms whose single proton nucleus can be detected by NMR. This turned NMR into the medical imaging method of MRI, in which a computer converts the measurements into images of the body's neural, cardiovascular, or musculoskeletal systems and their organs. The method requires intense magnetic fields that come from superconducting metal coils typically cooled with liquid helium to 4 kelvin, just above absolute zero.

MRI has been extended into functional magnetic resonance imaging (fMRI), a non-invasive probe of the living brain. In 1990, the Japanese-born biophysicist Seiji Ogawa working at Bell Labs established the basis for fMRI. He showed that MRI is sensitive to the oxygenation level of blood, which changes as the blood flows through areas of the brain where neurons are active. Hence fMRI maps out the parts of the brain that are actually creating mental processes. It has become an important tool for neuroscience and brain research, and to diagnose brain conditions such as epilepsy and stroke.

Exploring biomolecules and living cells

The use of fMRI in neural research illustrates that besides providing clinical tools, physical methods can explore living systems, one reason biophysics is flourishing today.

Biophysics began with the discovery of 'animal electricity' by Luigi Galvani in 1780, and biological research was reported at the International Congress of Physics in 1900. The 19th-century German scientist Hermann von Helmholtz was a biophysics pioneer whose work combines physiology, physics, and mathematics, and exemplifies the deeply interdisciplinary and diverse nature of the field. His important work on conservation of energy arose from his study of muscle movement; he examined the difference between objective measurements of physical stimuli such as sound waves and how we humans perceive them; he measured the speed at which nerve impulses travel; and in 1851 he invented the ophthalmoscope, the instrument still used to examine the inside of the human eye.

Physicists' thinking also contributed to fundamental biological science when Erwin Schrödinger, whose equation is essential for quantum theory, wrote *What is Life? The Physical Aspect of the Living Cell* (1944). In it he discussed the role of thermodynamics and 'order from disorder' in living things and proposed that a molecular mechanism could transmit hereditary information. The details of the process, however, were not understood until 1953, when the double helix structure of DNA was discovered. Watson and Crick credited Schrödinger's book with inspiring their search.

Biophysicists now use advanced physical tools such as various kinds of microscopy, lasers, spectroscopy, and imaging—some of which I've discussed—to examine biological systems and living things. Researchers can also now manipulate basic biological units with atomic force microscopy, where a tiny probe physically prods a cell, or with optical tweezers, where a tightly focused laser beam holds and moves individual biomolecules and cells. These tools have given insights, for example, about the relation between the three-dimensional shape and function in protein molecules, and about the properties of normal vs cancerous cells.

Along with these research tools, modelling and analysis of complex biological systems is a growing area that draws on basic physics ideas like thermodynamics and statistical mechanics. Such models are useful for instance to simulate and analyse the brain's neural circuits, and electrical theory is important to model the behaviour of individual neurons. Even quantum effects are thought to have a role in some biological processes such as photosynthesis.

The diversity of biophysics and its overlap with other scientific areas like biochemistry and cell and molecular biology makes it difficult to summarize all its research achievements and possibilities. Physical tools, analysis, and theory will play a growing and crucial role in biological science, but it is too early to say if these approaches will carry through to account for the whole range of biological scale, from molecules to cells, organs, organisms, and eco-systems, or to develop whole new theories of biological function.

Clean energy

Physics contributes to human health and longevity through what it offers to biomedicine. It also contributes as we weigh the growing global need for energy against the environmental and health costs of its production and use. Physics is a big part of understanding and developing energy and its sources, from thermodynamics to the principles of electric power generation and nuclear fission, along with nuclear fusion, solar power, and energy from wind, waves, and geothermal effects. Physics also offers possibilities for the more efficient use of energy whatever its source.

The generation of electricity depends on the principles of electromagnetism discovered by Faraday in the first third of the 19th century, which led to the design of generators that rotate coils of wire in magnetic fields to make electric current. Today in the US and globally about two-thirds of the electricity we use is produced at central power plants that burn fossil fuels—coal, and natural gas—to turn the generators. These burning fuels produce the CO_2 and other greenhouse emissions that seriously contribute to climate change and pollution.

One alternative comes from nuclear physics. The discovery in 1938 of nuclear fission in uranium with its huge energy release led to the construction of the atomic bombs that ended World War II. After the war, new efforts turned to the use of controlled nuclear power to make electricity. The first commercial nuclear reactor began operating in 1960, and as of 2014, about 11 per cent of the world's electricity came from nuclear reactors. In one sense this is environmentally favourable. Nuclear plants produce little in the way of greenhouse gases compared to fossil fuels, but have undesirable aspects as well. The nuclear accidents at Three Mile Island, Chernobyl, and Fukushima Daiichi in 1979, 1986, and 2011, respectively, show that nuclear reactors can have serious safety issues. They also produce nuclear waste, byproducts that remain harmfully radioactive for long periods and cannot easily be contained or discarded.

Nuclear fusion, the process that makes our sun and other stars glow as hydrogen nuclei combine to form helium and release energy, offers another possibility. It is inherently less radioactive and safer than nuclear fission but it requires temperatures of many millions of degrees to force nuclei to merge. After decades of research, managing the resulting hot plasma remains a formidable challenge. The International Thermonuclear Experimental Reactor (ITER), being jointly built in southern France by thirty-five nations, is the latest ambitious attempt to control the high temperature plasma with magnetic fields. Another approach at the National Ignition Facility (NIF), Lawrence Livermore Laboratory, California, attempts to initiate fusion with huge lasers.

Solar power could provide a completely different approach to clean and sustainable energy. In passive form, it means designing structures to make maximum use of the energy in sunlight; in active form, sunlight generates electricity. One technique concentrates sunlight with mirrors or lenses and converts it into heat, which drives a steam turbine that drives an electrical generator. A more direct conversion method depends on applied condensed matter physics and materials science. It uses solar cells made of photovoltaic semiconductors, materials whose electrons ordinarily occupy energy levels where they are immobile. But if the electrons gain energy from incoming photons, they make a quantum jump across a 'band gap' to a higher level where they flow as electric current.

The first working solar cell, made from semiconducting silicon, was shown at Bell Laboratories in 1954. Though useful for special applications such as powering space satellites, early solar cells were too expensive and inefficient for general use. But further research on their physics and their semiconducting materials has made them better and cheaper. Their efficiency in converting light to electricity has increased from 10 per cent in the 1970s to a world's record 46 per cent for certain types of cells, demonstrated in 2014; and the cost to make 1 watt of solar electrical power has dropped from US$100 in the 1970s to about US$1 as of 2015. The use of solar electricity is growing but it still provides only a small part of total global electrical consumption and has yet to become a major factor in clean energy.

The physics of matter can provide another big improvement in energy use, the replacement of conventional light sources with efficient light emitting diodes (LEDs). An LED is a semiconductor structure that glows when a small voltage boosts electrons across the band gap to higher energies, after which they drop back down and release photons. The colour of the light depends on the particular semiconductor; in early LEDs it was only red, green, or yellow. It took years of research culminating in a Nobel Prize in 2014 for the Japanese physicists and materials scientists Isamu Akasaki and Hiroshi Amano and the Japanese-born American engineer Shuji Nakamura to produce a blue-emitting LED based on the semiconductor gallium nitride (GaN). With the colour blue now available, LEDs can produce the mixture of colours people consider desirable 'white' light for general illumination.

These new light sources produce more light per watt of electrical power input than incandescent or fluorescent lamps, develop little waste heat and last ten to a hundred times longer. Since lighting takes up a quarter or more of the world's electricity production, white LEDs can provide important energy savings. Another advantage is that their low operational voltages can come from solar cells, making lighting available for the 1.5 billion people worldwide without access to electric power grids. One prediction is that LED lighting will make up some 60 per cent of the global lighting market by 2020.

Kitchen physics

LEDs are not the only way physics enters the home and everyday life. Applied physics has influenced kitchen activities we take for granted, starting with cooking.

The human use of fire goes back 800,000 years to our pre-human ancestors and people have cooked food over open flames for 30,000 years or more. Only in 1800 did cooking advance from this primitive state when Count Rumford, the physicist who concluded that heat is not a substance, invented the kitchen range with a flat cooking surface and an enclosed oven. Early ranges used coal or wood, then gas that burned more cleanly. Finally ranges became flameless when cooking by electric heating coils became widely accepted in the 1930s. A more advanced form of flameless cooking appeared in 1947 when the first microwave oven became available, using the power in microwaves to heat food internally. Fittingly named the Radarange, its technology came from the World War II development of microwave radar.

Cooking over open flames or in inefficient stoves that typically burn biomass is still done by two to three billion people globally, mostly in the third world. The smoke from these fires adds to global pollution and contributes to respiratory problems and other widespread health hazards. Ecologically-minded physicists have used thermal principles such as convection to develop alternative clean-burning yet simple and inexpensive stoves for use in these regions.

Applied thermal physics is essential as well for that other staple of kitchen technology, the refrigerator. Beginning in the 18th century, researchers including Ben Franklin and Michael Faraday confirmed the thermodynamic principle that evaporation of a volatile liquid causes cooling. Others developed the cycle of liquid evaporation and condensation that makes practical refrigeration possible. By the end of the 19th century, these ideas were being put to use in mechanical refrigeration for commercial food preservation. In 1911 the General Electric Company designed a gas-powered refrigerator for home use and in 1927 produced its Monitor Top model, the first electric home refrigerator.

These essentials for kitchen technology rely on 19th-century physics, but increasingly the technology that surrounds us is connected to the modern physics that arose in the 20th century.

Applied modern physics

Though quantum physics and relativity describe parts of nature remote from the human scale, their applications affect our world and our day-to-day lives. Einstein's special relativity produced the equation $E = mc^2$, representing the release of energy at an unprecedented scale in nuclear weapons and nuclear power; as I explained earlier, general relativity enters into the global positioning system; and quantum physics lies behind many of the devices we use daily.

One of these is the laser, which stands for 'light amplification by stimulated emission of radiation'. This device seemed like a gadget out of science fiction and was called a 'death ray' when the first one was built in 1960 by the American physicist Theodore Maiman, based on work by two other American physicists, Charles Townes and Arthur Schawlow. Now lasers have broadly entered our lives in uses from consumer electronics and fibre-optic communications to varied applications in medicine, research, industry, entertainment, and military technology.

The operation of a laser depends on quantum transitions between energy levels that release photons. These can be the atomic or molecular levels found in particular solids such as aluminum oxide (Al_2O_3, used in the first laser), in gases such as CO_2, or levels above and below the band gap in semiconductors. All these media can be made to 'lase', that is, produce photons at specific wavelengths and high intensities that are all in step with each other—the properties that separate lasers from conventional light sources. The result is a range of lasers such as football-stadium size units at the NIF, table-top CO_2 units emitting infrared light at 10.6 micrometres, and tiny semiconductor units emitting in the visible to the infrared for optical fibre communications and Blu-ray optical disc technology.

Quantum physics also underlies the digital devices that increasingly dominate our world. They ultimately depend on the invention of the transistor in 1947 by the American physicists John Bardeen, William Shockley, and Walter Brattain at Bell Laboratories, who shared a Nobel Prize for their work. Transistors utterly changed electronic technology from its dependence on fragile vacuum tubes to the use of these robust solid state units made of semiconducting materials. The quantum mechanical band gap in semiconductors changes their electrical behaviour and makes it possible to precisely control how they conduct current when fashioned into transistors. These highly flexible devices can operate as electronic amplifiers, binary computer bits, and more.

First made as separate units, transistors were soon incorporated into integrated circuits or chips, small flat pieces of semiconducting material, usually silicon, that have been processed to contain millions of transistors and other electronic elements in a tiny area. This technology revolutionized electronics in terms of miniaturization, speed, and power consumption as well as cost of production. It opened up the era of desktop computers, then battery-powered laptops, smart phones, and all the other portable personal devices we now use.

Quantum mechanics is also essential for the new, rapidly growing areas of nanoscience and nanotechnology. The importance of manipulating matter at the smallest scale was expressed in a famous presentation 'There's Plenty of Room at the Bottom' by Nobel Laureate Richard Feynman in 1959. The integrated circuit, developed around that time, was a step in this direction. With the addition of new tools for the small scale such as the scanning tunnelling microscope, there has been an explosion of research in extremely small systems and their uses. This has been supported in the US with a National Nanotechnology Initiative that has provided US$25 billion in Federal research funding since 2001. The European Union and Japan are making other large investments.

Nanoscience focuses on objects with at least one dimension of length 1 to 100 nanometres, or about ten to 1,000 hydrogen atoms in a row. The objects include nanomachines, molecules that perform mechanical operations such as rotation and are expected to have medical applications; and nanoparticles, typically made of gold and other metals or semiconductors. At this scale, quantum effects make nanoparticles function differently from bulk materials, with properties such as their optical behaviour that depend on their size. The resulting versatility supports varied applications in technological devices and biomedicine.

Quantum strangeness

The quantum energy levels that make nanoparticles behave as they do, and also appear in atoms, computer chips, and LEDs, were counter-intuitive when first proposed over a century ago but now are fully accepted parts of nature. Other aspects of quantum physics remain difficult to understand on a visceral level yet these too show up in real applications.

One of these effects is superposition, the fact that a quantum entity like an electron or photon simultaneously represents multiple values rather than a single known value for each of its physical parameters. This comes from the statistical nature of quantum theory, which gives only probabilities. Any parameter value within a certain range is possible until an actual measurement determines a specific value. This non-classical behaviour has been immortalized in the allegory of Schrödinger's Cat, in which a cat placed in a box with a poison flask that may or may not be released by a random trigger is both dead and alive until the box is finally opened. Only then is the cat definitively found in one of the two conditions.

For a real example, consider that the electric field of a photon can be polarized, that is made to point in either a horizontal (H) or vertical (V) direction. H and V could also be labelled 0 and 1 so a polarized photon is also a binary computer bit, but better. An ordinary transistor computer bit is either off (0) or on (1), but the photon is simultaneously 0 and 1. Two bits can hold only one of the binary numbers 00, 01, 10, and 11 (decimal 0, 1, 2, and 3) whereas two quantum bits (or 'qubits') can hold all four numbers. This gives a quantum computer a huge advantage that grows rapidly with the number of qubits. Just ten qubits could hold 1,024 numbers and a hundred-qubit computer could match the power of all the world's conventional supercomputers, at least for certain types of problems such as handling encrypted data.

However, expressing these possibilities in actual hardware is difficult. A qubit could be physically realized with different kinds of quantum particles and systems besides photons, such as electrons that can spin in either of two directions. But there are problems with all of these, a main one being the need to keep the qubits isolated so their superposition is not lost when they interact outside the computer. One of the bigger quantum computers built so far is a twenty-qubit unit constructed by IBM (International Business Machines) for commercial and academic use.

National security and more

With its potential for cryptographic analysis, quantum computation has implications for national security as do many other physics applications. Since World War II, physics has played a major role in advanced weaponry such as nuclear-tipped ballistic missiles and defences against them, smart munitions, and stealth aircraft and ships. Other physics applications for warfare, security, and counter-terrorism include remote sensing from satellites, and underwater sound detection of submarines that can deliver nuclear missiles. Overall, modern military control and communication depends on digital computation and electronics.

In these and other ways, physics and physicists are deeply connected to defence, military applications, and national security across the international scene. In the US, one measure of this involvement is the 2017 DoD budget of about US$13 billion for basic and applied research and technology development, much of which supports physical science. Other funding comes from the National Nuclear Security Administration. This agency within the US Department of Energy (DoE) is responsible for 'enhancing national security through the military application of nuclear science' and oversees the US stockpile of thousands of nuclear warheads. The agency was supported by a budget of nearly US$9 billion in 2017.

The role of physics in nuclear weaponry has so far been the single most significant effect physics has had on the US and the world. That evaluation may change with future outcomes; a breakthrough in fusion power, for instance, could have powerful long-term implications for humanity. Meanwhile other applications and interdisciplinary connections affect society as well, over a range from the profound to the entertaining that illustrates the wide influence physics exerts.

Chapter 5
A force in society

Physics is intellectually significant for humanity because of its success in explaining nature, and practically significant because it powerfully affects the wider world outside the laboratory. Physicists recognize this important interaction. The German Physical Society with its over 60,000 members fulfils its 'social commitment' by studying and commenting on sociopolitical issues. At the APS, over 11,000 members of forums called Physics and Society, Outreach and Engaging the Public, and History of Physics consider physics in society. As the Forum on Physics and Society points out on its website:

> Physics is a major component of many of society's difficult issues: nuclear arms and their proliferation, energy shortages and energy impacts, climate change and technical innovation.

Other efforts such as the MIT Program on Science, Technology and Society examine the intersection between society and science, including physics, from the viewpoint of the humanities and social sciences.

Beyond the lab

One powerful contemporary impact of physics began with its role in the Manhattan Project that the US created in World War II to build the atomic bomb—a feat that, as Daniel Kevles writes in *The Physicists: The History of a Scientific Community in Modern America*, came from 'the generation of American physicists who changed the world by forging nuclear weapons'. Those weapons won the war against Japan at the cost of great destruction and were followed by more destructive hydrogen bombs. The possibility of worldwide nuclear devastation was recognized when former Manhattan Project physicists founded the journal *Bulletin of the Atomic Scientists*. Its Doomsday Clock, which predicts the potential for nuclear apocalypse that threatens the human race, is set at two minutes to midnight, reflecting the current global uneasiness about nuclear confrontation (and also about climate change).

Yet contrasting with such a cataclysmic outcome, as the Forum on Physics and Society notes, physics can widely and positively affect our day-to-day activities and the quality of life through its applications in such areas as solar energy, digital electronics, and medicine.

These events and inventions, both fearsome and benign, have appeared within the last fifty to a hundred years, but the societal influence of physics goes much further back and comes from pure as well as applied physics. Besides supporting technology and its innovations, physics responds to the human yearning for answers to deep and long-standing questions.

Origins and our place in creation

One landmark response came when the Copernican revolution changed our view of ourselves. After Copernicus, Brahe, Kepler, and Galileo observed nature, analysed data, and concluded that the planets and stars do not revolve around a fixed Earth, humanity had to reconsider its supposed centrality in the cosmos. In 1632, when Church officials found that Galileo's views conflicted with the official belief in a fixed Earth, they forced him to recant his ideas. It is said that nevertheless he expressed his true belief by rebelliously saying 'and still it moves' but this story is almost surely apocryphal; yet with or without those words, he helped establish the essential principle that human reason can explain the natural world and our position in it.

Other evidence from physics and allied sciences challenged and still challenges religious views about the history of the Earth, the universe, and the human race. I wrote earlier that scientific evidence about the age of the Earth began mounting in the 19th century. Today we have a consensus value of 4.54 billion years while astrophysics gives the universe's age as 13.8 billion years, and sheds light on its origin and development through the Big Bang theory. These results contrast with a literal reading of the Bible, which would imply that God created the universe and everything in it 6,000 to 10,000 years ago. That short time span also does not square with the evidence that humanity and all living things have evolved over several billion years, the overwhelming consensus theory in biological science that is consistent with the age of the Earth.

These results illustrate how physics and science give a new perception of our planet and ourselves at variance with religious ideas and that now dominates in most countries though not the US. For instance, though the scientific consensus for the Big Bang theory is abundantly clear, polls of US adults in 2012, 2014, and 2015 show that a majority do not believe in the theory, or think that even scientists do not fully accept it.

Likewise, the theory of evolution is widely accepted, but not in the US. Polling data in 2006 showed that only 7 per cent to 15 per cent of adults in nine European nations believe that evolution is absolutely false, but that figure was 33 per cent in the US. In 2017, a Gallup poll showed that 76 per cent of US adults either believe that God created humans just as they are now within the last 10,000 years, the so-called creationist or 'intelligent design' view;

or that humanity has evolved but with God's guidance. However, the 19 per cent of US adults who today believe in evolution with no intervention by God is double the figure from 1982, and the number is greater among the more highly educated. Apparently scientific findings do change the general consciousness, if slowly.

But though there is strong physical evidence for how the universe was born and has developed, physics cannot yet examine conditions before or at the exact instant of the Big Bang to fully answer the question 'How did the universe come to be?' with a scientific narrative.

The technological physicist

More pragmatically, physics has changed how we live and work through its effects on the material conditions of human society, especially since the Industrial Revolution. I have already mentioned how the inventions and processes at the heart of that revolution, beginning with the steam engine, both drew on and contributed to classical physics; and how physics principles applied to human needs—that is, science creating technology—changed our cooking habits and much else.

By the second half of the 19th century, physics was having a wide impact through its support of industrial technology. One early example came after the Scottish mathematical physicist William Thomson, Lord Kelvin, developed the electrical theory of telegraphy. He became the scientific adviser to the Atlantic Telegraph Company in its efforts to lay a transatlantic telegraph cable and participated aboard the ships that carried out the work. Initial attempts failed, but Thomson's insights played a big part in the company's final success when it laid nearly 2,100 miles of cable between Ireland and Newfoundland in 1866. This great technological achievement earned Thomson a knighthood from Queen Victoria.

Later, the use of physics to support technology was made a national goal. In 1887, the German industrialist Ernst Werner von Siemens founded the Physikalisch-Technische Reichsanstalt (Imperial Institute of Physics and Technology) to carry out research for industry, which the German government later took over. It was there in 1899 that accurate blackbody spectra were measured for German lighting companies, which led Max Planck to the idea of the quantum. The National Physical Laboratory in the UK and the Bureau of Standards (now the National Institute of Standards and Technology) in the US were established in 1900 and 1901, respectively, on the model of the German institute.

Corporate laboratories arose in that era as well. The first in the US was the General Electric Research Laboratory, founded in 1900 by a group including Thomas Edison. It was described as a 'research laboratory for commercial applications of new principles, and even for the discovery of those principles'. In the Netherlands the Philips Company established a laboratory in 1914, and in the US, Bell Telephone Laboratories, founded in 1925 with 4,000 scientists and engineers, would later become the birthplace of the transistor. Research at another technology-oriented company, IBM, has roots that go back to 1945. This research produced the Nobel-Prize winning discovery of 'high temperature' superconductors that operate far above absolute zero though still at extremely cold temperatures.

Today physicists at corporate facilities play a substantial role in the private sector. A 2014 report from the US Congressional Research Service counts some 274,000 physical scientists within the national workforce of scientists and engineers in 2012. Among the physicists included in these, roughly half are employed in the private sector—not only those with Bachelor's and Master's degrees, but highly trained research-oriented PhD physicists—according to a 2015 report from the American Institute of Physics.

Most of these PhDs contribute to physics, engineering, computers, and other scientific or technological fields. Surprisingly, 7 per cent of them work in an area that seems remote from physics, the world of finance or 'econophysics'. They are quantitative analysts or 'quants' who use their training in mathematics, data analysis, and modelling for investment and commercial banks, hedge funds, and portfolio management companies; or who develop software to make extremely fast automated buy and sell decisions in the stock market. These exotic approaches have enriched some people, but others think the opacity and complexity of the algorithms contributed to the global financial meltdown of 2008 and to market volatility. The role of the quants in the financial industry may have widespread effects we have yet to fully understand or control.

Physics also affects society by inspiring entrepreneurs who develop innovative and potentially commercially successful technology based on physics, as shown by the career of Elon Musk. His undergraduate physics training helped him establish the pioneering technologies in his aerospace company SpaceX and electric car company Tesla Motors, each with the possibility to radically change established practice. In a recent interview, Musk said that the study of physics is good preparation for innovation because it teaches how to reason from first principles:

> [I]f you are trying to break new ground and be really innovative, that's where you have to apply first-principle thinking and try to identify the most fundamental truths in any particular arena and you reason up from there.

Nathan Myhrvold provides another example of using physics in an entrepreneurial manner. Trained as a theoretical physicist, after working as Chief Technology Officer for Microsoft he founded The Cooking Lab to pursue a novel approach to cooking originally called molecular gastronomy. He and other practitioners of the style, which Myhrvold calls modernist cuisine, have used physics-based methods to improve how meat is cooked, to better understand how bread is baked, and to create a different version of the famous Baked Alaska dessert. Efforts like Musk's and Myhrvold's are inspiring universities and professional organizations to help physics students and practising researchers add the appropriate mindset and business training for careers as entrepreneurs.

At war

Physics affects society through its roles in the academic world and in government laboratories and agencies as well as the private sector. In all three areas, physics in the US and elsewhere has prospered at least partly because it is crucial to national defence. For good or ill, physics has advanced warfare and warfare has advanced physics, even if only implicitly.

Before there was a true science of physics, medieval weaponry applied simple mechanical principles, such as using a counterweighted arm on a pivot or the energy stored in a twisted rope to launch heavy projectiles. These siege engines were not designed by rigorous physical analysis, but when they were replaced by artillery, accurate calculations of the projectile's path became important. The Italian mathematician Niccolò Fontana Tartaglia analysed the behaviour of cannonballs in 1537 and correctly claimed that the greatest range came with the cannon elevated at 45 degrees. Later the mechanical principles put forth by Galileo and Newton led to a full science of ballistics.

Physics and physics-based technology have entered into warfare more recently, though not always embodied in weapons. The American Civil War saw the use of balloons and improved telescopes for observation, and the telegraph for communication (President Abraham Lincoln commanded his armies direct from the White House) along with rifled artillery, submarines, and iron warships. That war might also have seen the directed application of science for military use after Lincoln established the National Academy of Sciences (NAS) during the conflict in 1863. The NAS was charged with advising the nation about scientific matters, which it still does; but at the time it did not oversee US science or help the North win the Civil War.

However, fifty years later the NAS formed the National Research Council (NRC) to coordinate scientific research for the military during World War I. After the US declared war against Germany in April 1917, the head of the NRC, astrophysicist George Ellery Hale, worked with Michelson and Robert Millikan (a Nobel Laureate and future Laureate in physics, respectively) to oversee relevant research in physics (other sciences were represented as well). The physics contribution was mostly in detection methods, such as a project to sense submarines by ultrasonic waves that built on Paul Langevin's work in France.

The NRC lacked its own research facilities and worked with industrial laboratories, universities, and military units such as the US Army Signal Corps. An important outcome of this programme, writes physics historian Johannes-Geert Hagmann, was the 'entanglement of scientific, industrial, and military research' with the consequence that later on '[s]cientific and technological research, including major contributions from physics, became a decisive factor in warfare'. These connections persist today, after having been amply illustrated in World War II and the following Cold War.

There is a long list of offensive and defensive weapons created or perfected with government support for physical science and technology on both sides of World War II: jet aircraft, the V-1 flying bomb, and V-2 rocket, sonar, radar, night vision technology, the proximity fuse that made anti-aircraft fire more effective, and, most important, the atomic bomb.

These weapons required governments to organize and fund scientists and engineers, and research and production facilities, at unprecedented scales. In the US, the MIT Radiation Laboratory (or Rad Lab) employed up to 4,000 people including many PhD physicists, and worked between 1940 and 1945 with the British to develop radar, radio navigation, and other electronic devices. The German V-2 rocket, the first long-range guided ballistic missile, was based on rocketry research in Germany and the US in the 1920s and 1930s. The Nazis produced and launched over 3,000 V-2s against London, Antwerp, and Liège, which are estimated to have killed 9,000 people, along with some 12,000 captive labourers on the project.

The nuclear era

The most physics-intensive and historically influential of these military research efforts was the US project to build an atomic bomb. After German researchers discovered nuclear fission in 1938, scientists realized the potential of an uncontrolled fission chain reaction to produce a stupendously destructive weapon. In 1939, the Hungarian-born American physicist Leo Szilard wrote a letter that was signed by Albert Einstein and sent to US President Franklin D. Roosevelt. It warned of German interest in nuclear weaponry and urged the US to begin its own programme to construct 'extremely powerful bombs of a new type'.

The resulting Manhattan Project was initiated in 1942 under Major General Leslie Groves of the US Army Corps of Engineers (and so-named because some preliminary research was carried out at Columbia University in New York). It grew to employ 130,000 people, including European scientists such as the Italian Nobel Laureate physicist Enrico Fermi. It carried out research and production at thirty sites in the US, UK, and Canada at a cost of US$2 billion, equivalent to US$27 billion in 2016 dollars.

The Project had to show that a self-sustaining nuclear chain reaction is possible, which Fermi did in the world's first nuclear reactor, in 1942. It also had to separate quantities of the fissionable isotopes uranium-235 and plutonium-239 from their far more prevalent non-fissile forms, an arduous process that required a variety of approaches; and had to find ways to quickly bring these materials to the 'critical mass' necessary to explode, and put them and the detonating mechanism into bombs. These last steps were completed at the Los Alamos Laboratory near Santa Fe, New Mexico, under the American theoretical physicist J. Robert Oppenheimer.

The first atomic bomb, of the plutonium type, was successfully detonated in the Trinity test at the remote Alamogordo Bombing and Gunnery Range in New Mexico on 16 July 1945. On 6 and 9 August, respectively, the US dropped a uranium bomb on Hiroshima and a plutonium bomb on Nagasaki to end the war with Japan, the first and to date the only uses of nuclear weapons in warfare.

Oppenheimer later related that witnessing the Trinity test made him recall what the god Vishnu says in the Hindu sacred text the *Bhagavad Gita*: 'Now I am become Death, the destroyer of worlds'. The Hiroshima and Nagasaki bombs had explosive powers equal to that of 15 to 20 kilotons of TNT, enough to produce an estimated 200,000 or more casualties, level large portions of the cities, and inspire fear and awe about the new atomic age. But more was to come.

In the US, Fermi and two other émigré physicists, Edward Teller and Stanislaw Ulam, conceived and designed a more powerful thermonuclear weapon based on the fusion of isotopes of hydrogen rather than nuclear fission. The US carried out the first full hydrogen bomb test in 1952 at Eniwetok Atoll in the Pacific Ocean. The resulting explosion was equivalent to that from

10 megatons of TNT, and the US began making thermonuclear weapons in quantity. Three years later the Soviet Union tested its own 1.6 megaton hydrogen bomb, and in 1961 detonated a 50 megaton bomb, the largest ever tested. These weapons, delivered across oceans as warheads on intercontinental ballistic missiles (ICBMs), were the basis for Cold War fears that engagement between the US and the Soviet Union would devastate both nations and even threaten the global climate balance.

Other nations have also developed nuclear weapons. Under a 1968 non-proliferation treaty, the US, Russia as successor to the Soviet Union, the UK, France, and China are the only nations allowed to have them; but India, Pakistan, Israel, and North Korea are also known to have them for a total of some 16,000 nuclear weapons, and Iran has apparently been trying to develop them. As Cold War fears have faded, new fears have arisen that failures of diplomacy, rogue regimes, or terrorists could bring nuclear destruction.

These are the painful parts of the complex legacy of the Manhattan Project. A more positive part is that the Project led to the creation of a network of seventeen national laboratories in the US. These carry out fundamental research in addition to directed government work, often at a unique scale of Big Science that only a government could support.

As Daniel Kevles points out in *The Physicists*, another legacy is that the Manhattan Project made physicists so essential for America's national security that they gained 'the power to influence policy and obtain state resources largely on faith'. That brought physics, especially nuclear and high-energy physics, to new prominence and new prosperity. Some of the glow faded in 1993 when the US House of Representatives voted to discontinue funding the Superconducting Super Collider, a US$11 billion project to build a huge particle accelerator 87 kilometres in circumference in Texas. This cleared the way for the LHC at Europe's CERN to begin operations in 2008 as the world's most powerful elementary particle accelerator.

Fundamental research aside, nuclear science still has great military and geopolitical weight. The legacy of nuclear weapons and of physics itself is embedded in culture, the arts, and the media.

The culture of physics

Physics has had varied cultural impacts that reflect its roles in society. Soon after World War II, the atomic bomb inspired films with themes of nuclear destruction. Some displayed overt or hidden nuclear fears in a science fiction format, perhaps to make those terrible possibilities seem less real. In *The Day the Earth Stood Still* (1951), an alien visitor warns humanity of the dangers of nuclear weapons, and the post-apocalyptic film *Five* (1951) is about the survivors of nuclear war. In *Godzilla* (1954) and *Them!* (1954), radiation from nuclear testing produces mutations, respectively an enormous reptile that rampages through Tokyo and giant ants that threaten humanity.

Later, films about nuclear terrors displayed more subtle drama, emotion, and even black comedy. *On the Beach* (1959) showed humanity hopelessly awaiting its end after a global nuclear exchange. *Hiroshima, Mon Amour* (1959), a classic of French New Wave cinema, began as a documentary that director Alain Resnais turned into the story of a brief affair between a French actress and a Japanese architect set against the backdrop of a shattered Hiroshima. Stanley Kubrick's *Dr Strangelove or: How I Learned to Stop Worrying and Love the Bomb* (1964), and Sidney Lumet's *Fail-Safe* (1964), reflected deep fears of nuclear conflict, the first as satire (Figure 12) and the second seriously. Realistic elements also appeared in *The China Syndrome* (1979) about disaster at a nuclear power plant, as would occur at Three Mile

12. In Stanley Kubrick's nuclear parody *Dr. Strangelove* (1964), a US Air Force officer rides a hydrogen bomb accidentally dropped on the Soviet Union.

Island, Chernobyl, and Fukushima; and in *Fat Man and Little Boy* (1989), the fictionalized story of the building of the atomic bomb.

The legacy of the atomic bomb endures in the performing arts too, in the stage play *Copenhagen* by the English writer Michael Frayn. After its premiere at London's National Theatre in 1998, it ran elsewhere for a total of 1,400 performances and won Broadway's Tony award for Best Play in 2000. This surprising theatrical success is a minimalist play with three characters on a bare stage talking about physics and its human implications. The characters, drawn from life, are the Danish physicist Niels Bohr, a founder of quantum mechanics; his wife Margrethe; and Werner Heisenberg, who created the Uncertainty Principle and was involved in the German atomic bomb project. Heisenberg had actually visited Bohr in Copenhagen in 1941. *Copenhagen* is Frayn's imagined reconstruction of their discussion about building an atomic bomb and where this would lead.

The nuclear age received further cultural recognition in 2005, when the San Francisco Opera presented the world premiere of the opera *Doctor Atomic* by the American composer John Adams with libretto by Peter Sellars, which treats the Trinity atomic bomb test with Oppenheimer, Teller, and others as characters.

Physics icons

The atomic bomb is not the only cultural legacy of physics, which has produced iconic intellectual figures for our age. Albert Einstein's fame has only grown since the 1919 reports of the solar eclipse that verified his theory of general relativity. Physicists consider him the greatest physicist of all time along with Newton, and to the general public 'Einstein' is synonymous with 'exceptional genius'. A Google search for 'Einstein' yields over a hundred million results and his name appears in the massive Google Books database far more frequently than that of any other scientist.

The late British theorist Stephen Hawking is another iconic physicist. His popular book *A Brief History of Time: From the Big Bang to Black Holes* (1988) sold over ten million copies. His scientific stature drew on his theoretical insight that 'Hawking radiation' can escape from a black hole, an achievement made more notable in the face of his struggle with amyotrophic lateral sclerosis. This neuromuscular disease left him unable to control almost all his bodily movements and confined him to a wheelchair. But Hawking's mind was intact, making him a symbol of the victory of intellect and will over severe physical disability.

Both physicists are well represented in general culture. Einstein's life inspired the opera *Einstein on the Beach* by the American composer Philip Glass, which has been revived several times since its premiere in 1976; and in the film *I. Q.* (1994), Einstein is played by Walter Matthau as smart, wise, and kindly. Hawking's life and work are shown in the film *The Theory of Everything*

(2014), which led to an Oscar for Eddie Redmayne who portrayed him. Hawking also delighted television viewers by appearing in the series *Star Trek: The Next Generation*, *The Simpsons*, and *The Big Bang Theory*. Einstein's and Hawking's achievements have contributed to the media image of the brainy physicist, in fictional characters like theorist Sheldon Cooper (Jim Parsons) in *The Big Bang Theory*—though along with his brilliance, Cooper displays cartoonish levels of quirkiness and social ineptness that are played for laughs.

Ideas associated with both physicists have become common knowledge as well. Except possibly for Newton's equation $F = ma$, Einstein's $E = mc^2$ is the most famous equation in physics, and the fact that nothing can exceed the speed of light is taken for granted in popular culture; for example, on a T-shirt showing Einstein dressed as a motorcycle cop who cautions us to obey the universal speed limit of 186,000 miles per second. Science fiction stories pay homage to this law by inventing seemingly plausible means for spacecraft to travel faster than light, such as the 'warp drive' in the *Star Trek* series.

Einstein and Hawking are also linked to two other physics ideas that captivate the general public, black holes and quantum physics. It was Einstein's general relativity that predicted black holes (also wormholes, theoretical shortcuts through spacetime that connect two black holes as if there were no distance between them, a major plot element in the film *Interstellar* (2014)). Hawking's scientific reputation rests on his quantum analysis of black holes. Quantum physics itself has become part of popular culture: people are aware of the Heisenberg Uncertainty Principle and the analogy of Schrödinger's Cat.

Some popular efforts attempt to connect quantum physics to other ways of knowing. *The Tao of Physics* (1975) by Fritjof Capra drew parallels between modern physics and aspects of Eastern mysticism. It was an influential best seller, but was criticized by physicists such as Nobel Laureate Leon Lederman. Other efforts bring in New Age ideas that lack scientific rigour or that physicists reject as pseudoscientific 'quantum woo'. For instance, Deepak Chopra's *Quantum Healing* (1989) asserted that quantum phenomena affect human health and well-being, and the film *What the Bleep Do We Know* (2004) misleadingly claimed that quantum physics allows mind control of reality.

How physics is presented in popular culture affects general perceptions of the science and the trust people have in it and, by extension, in all science. In return, physics has affected the media themselves, at least in visual art.

Tools for art

Important trends in visual art have been initiated or enhanced as artists adopt physics-based methods. In 1807, the English physician and researcher William Hyde Wollaston patented the *camera lucida* ('bright chamber' in Latin) as an aid to artists. Using a glass prism cut at specific angles and mounted on a stand, it allowed an artist to trace on paper an exact copy of a scene right side up and under normal lighting, instead of upside down and in dimness as required by the *camera obscura* ('dark chamber'), essentially a pinhole camera. The *camera lucida* in turn inspired William Fox Talbot and Louis Daguerre to develop processes to chemically preserve or 'fix' its images on paper, leading to the birth of photography in the 1840s.

When later a variety of artificial light sources became available, artists incorporated them to paint with light. In the 1960s, the American artist Dan Flavin produced subtle arcs of colour from standard fluorescent lamps. More recently, the American artist James Turell uses the evenness of fluorescent lighting to create apparently solid, three-dimensional volumes of light in his installations, and the Danish artist Olafur Eliasson uses fluorescent lamps in works such as his outdoor installation *Yellow Fog* (2008) in Vienna.

Artists have even more eagerly embraced novel light sources. Soon after the laser was invented in 1960, this new tool to produce pure and directed light was put to aesthetic use in installations such as those at the seminal 1971 'Art and Technology' show at the Los Angeles County Museum of Art. Lasers were also soon generating spectacular light shows at rock concerts and other venues, and now find uses in conserving art and creating accurate reproductions of artworks for archival and display purposes.

The latest innovation for artists is the LED. Unlike incandescent and fluorescent lamps, LEDs can be instantaneously turned on and off by computer and so are suitable for dynamic artworks. One example is the large installation *Multiverse* (2008) by Leo Villareal, an array of over 40,000 white LEDs surrounding a 61-metre moving walkway for visitors to the National Gallery of Art in Washington, DC (Figure 13). The LEDs are programmed to

13. Leo Villareal's *Multiverse* (2008) at the National Gallery of Art, Washington, DC, uses thousands of white LEDs.

develop spectacular ever-changing patterns suggesting that viewers are travelling through space amidst stars and galaxies.

Physics matters

From its aesthetic uses to its roles in warfare, physics and the technology it supports influence our society in a variety of ways, some existentially important such as nuclear weaponry. Beyond these impacts, the mere presence of an accomplished science of physics has a special meaning for society in our present age, when science seems to be losing the trust of ordinary citizens. From denial of human-made global warming and of biological evolution to the anti-vaccination movement and hostility to genetically modified organisms, many scientific areas are seen as less than believable or are under attack.

As a science with ancient roots, a roster of eminent thinkers like Einstein, and a solid theoretical base, and with the ability to provide clear answers to problems in the lab and in society, physics is successful. This is not to say that many of its outcomes, like nuclear weaponry, do not need to be seriously weighed by society—they do; but physics is a science that works. Yet its success does not mean that physics has found all the answers to our questions about nature or even within its own applications.

Chapter 6
Future physics: unanswered questions

Standing near the beginning of the 21st century with the 20th century still in sight, we see parallels to earlier times in physics. Just as when the 19th century became the 20th, today physics can look back at recent breakthroughs at all scales, small to large, and in all its usages, pure to applied, such as the discovery of the predicted Higgs boson and the surprise discovery of dark energy; successes in exploring space and finding exoplanets, and in examining our own planet; achievements in novel electronic and photonic technology, and in biological physics with new tools to probe living systems and ourselves.

These results show that physics continues to deepen our understanding of nature and affect how we live our lives, and raises new questions while addressing old ones. A century ago, the new questions included explicit ones such as 'What is the ether that supports electromagnetic waves?' and 'Are photons real?' Humanity has always asked broader queries as well, such as 'How did the universe begin?', 'How will it end?', and 'Is there life elsewhere?' Physics research in the 20th and 21st centuries has answered those explicit questions and has brought at least the beginnings of answers to the broader ones.

The questions that inspire today's continuing research and its future arise from those results—questions such as 'What lies beyond the Standard Model?', which lead to a better understanding of nature; and others such as 'How can we produce cleaner energy?' whose answers, we hope, will improve the human condition.

Physics in the 21st century

Within the first category physicists have written extensively about the present and future of particle physics, cosmology, and so on. A 2001 report from the NRC, *Physics in a New Era*, offers a wider view. Written by a panel of distinguished scientists, it treats both 'Physics Frontiers', covering big questions such as how the universe evolved; and 'Physics and Society', about the status and future of physics in such areas as biomedicine, energy and the environment, and national security. Using this framework, we can see how physics has progressed since this century began, examine the questions that physicists are currently asking, and consider where physics will go next.

Two unexpected physics findings discussed in the NRC report have become more significant since 2001 as we learn how essential they are in the universe: the discovery of a new entity, 'dark matter', which does not emit or interact with electromagnetic radiation and so is invisible to the eye, infrared light, radio waves, and so on; and the discovery that the universe is expanding at an accelerating rate, later connected to an unknown 'dark energy' that acts like a negative pressure, pushing apart the galaxies making up the universe.

Unlike dark matter and dark energy, two other major physics accomplishments since 2001 were anticipated in theory. One is the discovery of the Higgs boson in 2012, a result predicted by the Standard Model and that validates it, yet also illuminates what it lacks. The other achievement further confirms predictions of another bedrock theory, general relativity, and provides a new tool to explore the universe. That was the first LIGO observation in 2015 of gravitational waves followed by other observations since.

The dark universe

Though dark matter and dark energy are crucial to how the universe works, they remain mysteries despite intensive research. Dark matter was first found indirectly through its gravitational effects. After earlier astronomical data hinted at invisible cosmic matter, in the 1970s the American astronomer Vera Rubin noted anomalies in the dynamics of spiral galaxies such as our own Milky Way. Like any rotating body, these enormous pinwheels would throw off any parts of themselves not held firmly in place—in this case, by gravity from the bulk of the galaxy, which depends on its mass. Rubin found it would take many times the amount of matter actually seen in a particular galaxy to keep the stars at its rim from flying off, giving the first solid sign of dark matter.

Dark energy was also discovered indirectly. In 1998, astronomers found that certain supernovae—enormous explosions of stars in their death throes—billions of light years away were dimmer than expected, which meant they were further from us than the theory of the expanding universe predicted in the aftermath of the Big Bang. It was a great surprise when the new data showed an increasing rate of expansion, contrary to the expectation that the pull of gravity from the mass of the universe could eventually slow or reverse the expansion.

Einstein had considered such a force in 1917 when he added a 'cosmological constant' to his theory of general relativity, a kind of anti-gravity that pushed the galaxies apart to keep the universe from collapsing in on itself. But when Hubble showed that the universe is indeed expanding, Einstein dropped the idea, an act he later called his 'biggest blunder'. The 1998 discovery of the accelerated expansion has revived a notion like the cosmological constant under the name dark energy.

Further strong evidence of a dark universe came in 2003 when NASA's Wilkinson Microwave Anisotropy Probe satellite examined the CMB to probe the early universe, followed by a more precise study of the CMB by the Planck Satellite launched by ESA in 2009. The Planck results show that the cosmic mass-energy constitution is only 5 per cent ordinary matter, compared to 26 per cent dark matter and 69 per cent dark energy that add up to 95 per cent of the universe. These proportions define a cosmological 'standard model' that successfully describes many features of the universe including its accelerating expansion and its distribution of galaxies, and sets its age at 13.8 billion years.

The proportions are also stunning evidence that after much effort, humanity has examined only a tiny part of reality and knows little about the rest of it, such as the source of dark energy. One proposal brings in the quantum scale, to suggest that dark energy is actually the so-called 'vacuum energy' arising from the swarm of virtual elementary particles that randomly appear and disappear throughout space. Vacuum energy would increase as the universe gets bigger, fuelling further expansion at an increasing rate.

This would be an attractive scenario but the numbers do not add up. The vacuum energy is calculated to be 10^{60} times bigger than is needed to explain the original supernovae data that led to the discovery of dark energy. Drawing on the multiverse theory, one proposed explanation of this staggering discrepancy is that our particular universe happens to have an extraordinarily small vacuum energy—though this argument illustrates the difficulty of reaching definite answers when one can simply claim that physics is different in a different universe. Or maybe the universe has again entered a time of rapid expansion, as is thought to have happened soon after the Big Bang, or maybe gravitational theory needs to be modified for immense cosmic distances. At this point, we just do not know.

Dark matter raises its own questions. The Standard Model supposedly describes all the building blocks of matter—quarks; leptons, which include electrons, muons, tau particles, and neutrinos; and the Higgs boson (see Figure 8). None of these has the right properties to form dark matter and so the model needs a new particle. The leading candidate, backed up by some astronomical evidence, is a so-called weakly interacting massive particle (WIMP) that barely affects ordinary matter.

But despite tantalizing hints, thirty years of experiments have been fruitless in finding definitive evidence of WIMPs, including recent results from groups in Italy and China. This has unsettled dark matter research and physicists are considering other possibilities. One is to extend the Standard Model by a 'dark sector', a group of new particles and forces tenuously connected to the known ones, for instance as dark photons and dark Higgs bosons that occasionally appear among their regular counterparts. Another suggestion is that the Higgs boson disintegrates into photons and dark matter particles that can then be detected; but as of summer 2018, measurements at the LHC of the Higgs boson show that it decays into two 'bottom' quarks (see Figure 8), a prediction from the Standard Model, with no signs of dark matter particles.

Deeper into the small, mid-size, and large

Even without the disruptive effects of dark matter and dark energy, the Standard Model of particle physics needs modification. Though it is a big step towards understanding the universe, it fails to describe dark matter and dark energy, and it excludes gravity.

It also has structural issues. Quarks and leptons appear in three 'generations' with the same quantum properties and electric charge but hugely different masses (see Figure 8). Electrons, muons, and tau particles are identical except that their masses differ enormously, by a factor of over 3,000 between electrons and tau particles. The six quarks also divide into two sets of three generations each with wildly different masses; and though the Standard Model gives neutrinos a mass of zero, we have actually found three types of neutrinos that differ in their (very small) masses. Another difficulty is that the measured mass of the Higgs boson is far less than it should be according to the quantum theory behind the Standard Model. We simply cannot explain why these elementary particles have the masses that they do.

Besides this, recent results from CERN seem to show that a particle called the B meson behaves differently than the Standard Model predicts. Hoping that this is only an apparent flaw that may point towards a better theory, the KEK high energy accelerator in Tsukuba, Japan, is carrying out high precision measurements of B meson behaviour. Then there is antimatter, made of antiparticles such as the positron. According to the Big Bang theory, matter and antimatter were created in equal amounts at the birth of the universe, yet today we see little antimatter—a fact the Standard Model does not explain.

These and other cracks in the Standard Model guarantee that the thousands of physicists at CERN and elsewhere will continue to gather data and form new theories. Researchers believe the Standard Model is only an approximation to a deeper theory that applies at far higher energies, which appeared in the early universe but that we have not yet reached in the laboratory. The hope has been that experiments at higher energies will find new particles predicted by supersymmetry, a proposed theory that resolves many of the issues with the Standard Model; but so far no such particles have been found. Many observers think this represents a crisis in high energy physics.

To complement research in particle physics, new astrophysics is coming out of LIGO, based at two sites in the US, and the similar Virgo system in Italy operated by a European consortium. Both use kilometres-long laser arrangements to detect extremely tiny fluctuations in spacetime as gravitational waves from cosmic events travel past the Earth. After LIGO first detected these waves in 2015, it began working with Virgo to implement the new technique of gravitational wave astronomy. This capability was shown in spectacular fashion in autumn 2017 when both systems sensed gravitational waves from the collision of two neutron stars, the dense cores left behind after stars of a certain size undergo supernova explosions.

Unlike the original black hole LIGO event, this collision also generated electromagnetic waves, first detected as gamma rays. Then when the event was accurately located in a particular galaxy in the constellation Hydra, some seventy astronomical observatories around the world observed it through its emission of visible light, X-rays, and radio waves. The dual electromagnetic and gravitational analysis showed that collisions between neutron stars can cause the extremely powerful cosmic gamma ray bursts that have been known for some time; and that such collisions can create gold and other elements heavier than iron that we know on Earth, which had been thought to come from the collapse of a single star. These results and the joint observations that led to them were among the scientific breakthroughs of 2017.

Besides far-off cosmic events, we continue studying our solar system neighbours, as with NASA's Juno spacecraft that is examining the atmospheric dynamics of the planet Jupiter. After the Hubble Telescope, the bigger James Webb Space Telescope will observe the solar system as well as distant cosmic objects after its launch in 2021 (Figure 14). Adding to the discovery of water at various sites in the solar system, in early 2018 a NASA orbiter detected water ice just beneath the surface of Mars, and in summer 2018 ESA scientists reported the radar observation of a lake of salty liquid water 20 kilometres across beneath the Martian south pole—important results for potential human exploration of the planet and for the chances of Martian life.

14. NASA plans to launch the James Webb Space Telescope in 2021.

Space satellites in NASA's Earth Observing System also continue to explore our planet while geophysical methods probe its dynamics and structure. The ROMY installation near Munich, Germany, will use ring lasers, where the light beam is split into two beams that travel in opposite directions around a closed circuit, then recombine. As ROMY rotates in space with the Earth, the beams moving with and against the direction of rotation cover slightly different distances, producing a phase difference that depends on the rotational speed. ROMY will measure tiny changes in the length of the Earth's day, the angle of our planet's spin axis, and the ground motion and internal twisting that seismic events cause. It may also advance relativity theory by measuring the effect of 'frame-dragging' on the Earth's spin, the prediction from general relativity that a rotating body warps nearby spacetime.

What is the quantum and does that matter?

The intimate connection between the structure of the universe and its quantum properties is a reminder that nature really is interconnected through all its levels. For that reason and to better understand and use quantum physics, we continue to study the quantum itself. Though quantum theory has convincingly proven its validity over the last century, it remains a puzzle. In 2011, the Swiss quantum experimentalist Anton Zeilinger and colleagues asked thirty-three physicists, philosophers, and mathematicians sixteen questions about basic quantum ideas such as the randomness in nature that quantum theory apparently supports. None of the multiple choice answers was chosen by all participants and many questions prompted widely varying opinions.

This lack of a unified understanding shows the need for a better basis for quantum physics, which is based on a patchwork of ideas; the Schrödinger equation, for instance, is an intuitive guess that works. Some theorists are searching for ways to put quantum theory on a firmer and clearer basis, starting from axioms that treat the theory as a problem in probability or in the transfer of information between systems. Researchers have indeed derived quantum behaviour from such axioms, but they have not yet produced the 'aha' moment that the American theorist John Wheeler thought we may find 'not by questioning the quantum, but by uncovering that utterly simple idea that demands the quantum'.

Meanwhile new experiments are probing exotic quantum phenomena that we can use even without full understanding. Non-classical quantum superposition is the reason a qubit carries more information than a standard computer bit. Another such phenomenon is entanglement, which means that once two quantum particles such as electrons or photons have interacted, they remain linked. Even if widely separated, when a property of one of the particles is measured, the other immediately responds through empty space, a result Einstein called 'spooky action at a distance'.

Entanglement can be illustrated with two photon qubits, prepared so we know they are oppositely polarized, one horizontal and one vertical (digital 0 and 1). However, we do not know the polarization of each photon because both results are possible until a measurement is actually made and sets a definite value. The instant that photon A (say) is measured, whatever the result, a measurement of photon B shows that it has immediately taken on the other value. This occurs no matter how distant B is—as if quantum information were teleported from A to B through some unknown channel faster than light can travel.

Despite this strange, ill-understood behaviour, we could use entangled qubits to produce faster quantum computation by providing additional paths for data storage and flow. They could also guard against the loss of superposition and hence of data because any error would be immediately detected when it destroys the entanglement.

Applications of such exotic quantum effects are being avidly pursued and are well-supported. In the US, besides the twenty-qubit IBM computer mentioned earlier, the company is planning a fifty-qubit unit for the near future. Google is also working on quantum computation, and among US government agencies, the DoE has committed US$40 million to the technology. Elsewhere the European Commission has announced a €1 billion quantum technology project, and Chinese scientists have been especially active in quantum research.

A group under Jian-Wei Pan, at the University of Science and Technology of China in Hefei, recently simultaneously entangled ten qubits in a prototype quantum processor, and studies entanglement itself. In 2017, the team confirmed that entanglement holds over the greatest distances yet measured. They sent entangled photons between two Earthly locations 1,200 kilometres apart by beaming the photons from the first site up to a space satellite, then down to the second site. The advantage of sending photons through space rather than directly between the two Earth sites through optical fibre or open air is that vacuum offers less interference with their quantum states. A satellite network using entangled photon qubits could provide uniquely secure global communications, since any intervention by a third party would ruin the entanglement, as Pan's team has also demonstrated.

Towards quantum gravity

Satellite measurements could also give a unique opportunity to study quantum effects interacting with gravity as entangled photons traverse the varying gravitational field between the Earth and the satellite. A proposal to ESA for the QUEST (Quantum Entanglement Space Test) project to make such a measurement aboard ISS has just passed a feasibility study and could be carried out by the early 2020s. This is one of the few experiments that could examine quantum mechanics and general relativity simultaneously with current technology to provide clues towards a theory of quantum gravity.

Measurements of entanglement in space take on added importance because of recent results that show a tantalizing link between quantum physics and general relativity, which predicts the phenomenon of the wormhole. No wormholes have ever been found; but in 2013, the Argentine theoretical physicist Juan Maldacena and the American theorist Leonard Susskind showed that the two black holes at the ends of a wormhole behave like entangled quantum objects, suggesting that entanglement can create structures in spacetime. Some theorists take this further, thinking that entanglement may create spacetime itself and through it, gravitation, though the details have yet to be understood.

The right approach to a final theory of quantum gravity may be to combine ideas from gravitational theory with—surprisingly—the idea of the qubit and its role in information transfer. A project called 'It from Qubit' follows this strategy by bringing together leading theorists in these fields in a concentrated effort to develop a theory of quantum gravity.

Any approach that is backed by definitive measurements in space would lay to rest proposals to accept 'post-empirical' theory without experimental confirmation. Then we could confidently enter an era of 'post-modern physics' that uses well-tested tools to bring us to an understanding of quantum gravity and new insights into nature.

Energy challenges

Quantum gravity is the hard problem in pure physics, and practical quantum computing is a hard problem in applied physics, but not the only one. Since the 1950s physicists have tried to generate clean and abundant energy from nuclear fusion. This amounts to creating a controlled artificial star on Earth in which hydrogen nuclei collide and fuse into helium, turning mass into energy according to $E = mc^2$. Since positively charged hydrogen nuclei—protons—repel each other, they can be made to merge only when they gain kinetic energy at temperatures of tens of millions of degrees. No material structure could contain such a hot plasma, so the approach has been to use tokamaks (the name comes from an acronym in Russian)—big doughnut-shaped machines where magnetic fields keep the hot plasma away from the walls that contain it.

No tokamak has yet created an energy surplus or has sustained fusion for more than a short time. The ITER project in France, now building a huge reactor housed in a 60-metre-tall building, aims to become the first magnetic confinement effort to create more energy than is needed to heat the plasma. It proposes to produce 500 megawatts in a stable reaction that uses deuterium and tritium (the hydrogen isotopes with one and two neutrons respectively in the nucleus). But ITER has suffered billions of dollars in cost overruns and is years behind its initial schedule, leading to a change in management and decreased confidence from some member nations. Even if its first goals are met in 2035 as now projected, it does not plan to convert the power it generates into electricity, the next essential step towards a practicable power source.

A second method, inertial confinement, aims to initiate fusion by exposing hydrogen isotopes in a millimetre-size volume to extremely intense radiation from 192 focused lasers at the NIF. After years of effort, the results so far are discouraging. In 2016, a report sponsored by the DoE—which has put over US$3 billion into the NIF (the funding also supported experiments to gather data for nuclear weapons)—questioned whether the project can achieve fusion at all.

Between scientific uncertainty about making hydrogen fusion practical, and possible erosion of government support after several unsuccessful decades, the outlook for near-term results from ITER and NIF must be considered doubtful. However, other approaches are under consideration. Several private companies have raised funding to develop designs for smaller and cheaper fusion reactors. One collaboration, between a private firm and MIT, plans to produce fusion energy within fifteen years.

Another clean energy source, solar power, is more advanced because the photovoltaic conversion of sunlight into electricity is an established process. According to a recent report in *Science* magazine, photovoltaic cells could eventually provide more energy from the sun than the world currently uses. At present, though there are some large solar power installations, in total they deliver only 3 per cent of the approximately 7 terawatts (1 terawatt = 1,000 gigawatts = 10^{12} watts) of electrical power the world generated on average in 2015 (Figure 15); but the report estimates that with the rapidly growing adoption of solar cells and reasonable projections of higher efficiencies and lower costs, photovoltaics could be producing several terawatts by 2030.

15. A large-scale photovoltaic installation in China.

However the world generates its power, the physics of light and of semiconductors will help save energy as LEDs replace conventional light sources, a process on its way to commercial success. Initially extremely expensive, LED sources dropped 85 per cent in cost from 2008 to 2013. Coupled with cost savings over the long LED lifetimes, this has made these sources highly attractive. In the US, the DoE reports, their use jumped from 3 per cent of general lighting applications in 2014 to 13 per cent in 2016. The DoE projects 50 per cent savings in energy used for lighting in the US by 2027 with global benefits in reduced greenhouse gas emissions. Still, the full answer to our energy needs will surely be to combine clean energy with greater efficiency.

Material culture

Another route to better use of energy is through superconductivity, where certain metals and other materials lose all electrical resistance at low temperatures. When an electric current passes through a superconductor, none of its energy is wasted as heat. That saving has made superconducting coils invaluable to carry high currents in electromagnets that produce the strong magnetic fields needed for MRI and nuclear fusion, and to control the accelerated charged particles in the LHC. In these specialized uses the superconducting magnets are cooled to 4 kelvin with liquid helium.

Superconductors would also be valuable for long distance electrical transmission lines that do not waste power and in powerful electromagnets that support frictionless magnetically levitated trains—but for these large-scale applications, cooling with scarce and expensive liquid helium is out of the question. Even the best of the high temperature superconductors discovered in 1986 needs to be cooled to 133 kelvin (–140 Celsius), still an impractical temperature—though in 2015, another compound was found that became superconducting at 203 kelvin (–70 Celsius) but only at high pressures. Research in these materials continues, seeking a superconductor that functions at ordinary temperatures and pressures.

Other novel materials offer further technological potential. The group called topological materials illustrates the power of mathematics in physical analysis. Topology is the branch of mathematics that analyses spatial properties that are preserved in a shape as it is smoothly deformed; for instance, if you start with a doughnut, no matter how you pull and twist, it displays only one hole as long as you don't tear it or glue it to itself. Connections between this and physics may seem far-fetched, but in the 1980s physicists found they gained new insight into matter when they analysed its quantum behaviour with topological mathematics. This work culminated in the 2016 Nobel Prize in Physics for the theorists David Thouless, Michael Kosterlitz, and Duncan Haldane for their work on 'topological phases of matter'.

Using this approach, researchers have explained puzzling quantum effects in solids and found exotic new materials such as an electrical insulator that does not carry current in its interior but does on its surface; a 'semi-metal' in which electrons move extremely quickly without encountering microscopic obstacles; and a material that passes light in only one direction. These effects are expected to spark smaller and faster electronic components including devices essential for quantum computers, and more efficient optical fibre networks.

Some particular materials are important components of major efforts in nanotechnology. One family is based on the element carbon, which takes on different forms called allotropes when its atoms bond in varied molecular configurations; for instance, graphene, a single two-dimensional layer of carbon atoms arranged in a hexagonal lattice. Graphene's versatile properties have made it the subject of a €1 billion effort funded by the European Commission. Other three-dimensional forms are called buckyballs or fullerenes because they look like the geodesic domes designed by the American architect Buckminster Fuller. The allotropes also include carbon nanotubes, which are graphene sheets rolled up into long hollow cylinders only a few nanometres in diameter, the size of a handful of hydrogen atoms in a row (Figure 16).

As single molecules, carbon nanotubes have unusual properties. They are the strongest and stiffest materials ever made, their electrical behaviour can be varied depending on how the atoms are arranged around the cylinder, and they strongly absorb electromagnetic radiation. Their applications range from strengthening materials to creating electrically conducting plastics and improved batteries, along with optical uses. One company has set carbon nanotubes vertically on a flat surface like a forest of tiny trees, resulting in the 'blackest black' ever made. It absorbs 99.6 per cent of visible light or any electromagnetic radiation falling on it, and can be used to make stealth aircraft invisible to radar. (Also, researchers have recently used electromagnetic theory and photonic technology to devise 'cloaking devices' that

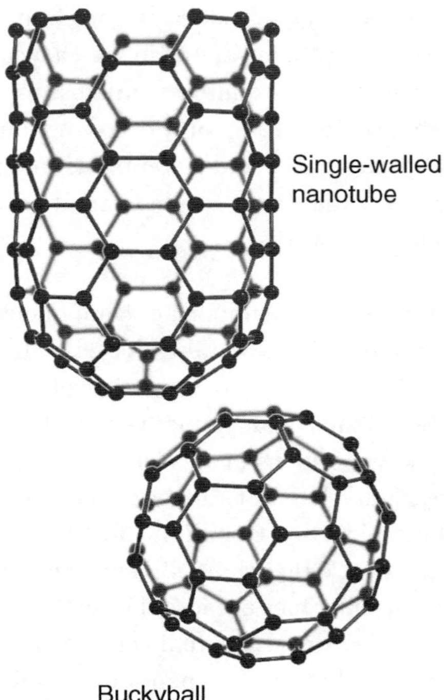

16. Carbon atoms form nanometre-scale cylinders called nanotubes and geodesic dome-like buckyballs or fullerenes.

make small objects invisible to ordinary vision, the closest science has yet come to creating Harry Potter's invisibility cloak.)

Other applications come from semiconductors and metals formed into nanoparticles typically under 10 nanometres in diameter, when they display new quantum effects. For example, the semiconductor cadmium selenide (CdSe) luminesces under excitation to emit red light at 710 nanometres wavelength. But when it is fashioned into 'quantum dots', tiny spheres 2 to 8 nanometres across, its band gap changes with size and it can be made to emit light at 480 to 650 nanometres, blue to red. Similarly, gold and silver nanoparticles absorb light at specific wavelengths depending on size. Semiconductor quantum dots are finding uses in LED and laser light sources, light detectors, and photovoltaic cells. Along with carbon nanotubes and metal nanoparticles, however, their latest and maybe most important long-term possibilities lie in biomedicine and biological physics.

Swallowing the physician

When Richard Feynman made his 'Plenty of Room at the Bottom' speech in 1959, he characterized one potential contribution from nanotechnology as 'swallowing the surgeon'. He meant that someday people would swallow sub-microscopic robots ('nanobots') to perform surgery at specific sites within the body. Such devices are still a long way off, though researchers are developing tiny motors to drive molecule-size machines through a body's blood vessels and organs, and a group in Germany has built a prototype millimetre-size nanobot that can move through a body under magnetic control. We are however closer to 'swallowing the physician', ingesting nanoparticles that diagnose and treat medical conditions without surgery.

In applications combining physics, chemistry, and biomedicine, nanoparticles and hollow nanostructures made of non-reactive gold and silver, non-toxic semiconductors, or carbon nanotubes can carry drugs to specific bodily sites, for instance to treat cancer. Taking advantage of tunable nanoparticle optical properties, efforts are also under way to create 'smart' delivery systems where drug-laden nanoparticles release their cargo when triggered by laser light. In the arena of medical imaging, semiconductor quantum dots can provide a new approach when they are coated to bind to particular proteins or cell types within the body; then, activated by ultraviolet light, they glow at infrared wavelengths that penetrate bodily tissue. When that light reaches external detectors, it provides diagnostic images of internal structures such as tumours. These methods have been successfully tested in mice and are on the verge of clinical testing.

Besides medical uses, nanoparticles give new ways to examine fundamental biological processes. In one example, in 2003 physicist Brahim Lounis at the University of Bordeaux and his colleagues attached a 5-nanometre gold nanoparticle to an individual protein molecule. Then, using a green laser beam to heat the gold and a red laser beam to sense the resulting change in optical properties around the gold, they could follow the dynamics of the protein molecule as it traversed a living cell.

Physics may also provide conceptual frameworks to attack broad problems in biomedicine. One example arises in cancer treatment, where it is thought that physical and network theory could help explain metastasis, the process whereby a cancer moves from a localized tumour to spread throughout a body. Early research in this area is now under way.

Answering ancient questions

We hope and expect that ongoing research in specific areas like dark matter and the Standard Model, or fusion power and new materials, will answer significant questions in physics. Pulling back to a broader vantage point, we see that we are also beginning to answer some of humanity's oldest questions.

The early Greek thinkers, and mythmakers in varied cultures, had ideas about the birth and end of the world. Now the combination of the Standard Model and general relativity, the theories of the small and the large, gives a broad outline to the story of the birth and development of the universe and perhaps its future—though much remains to be filled in such as the nature of dark matter.

According to the Big Bang theory and general relativity, this cosmological tale began in a singularity, a point of infinite density and extremely high temperature. All the physics we know breaks down in such conditions, and it may be that physics will never be able to confirm the exact instant of creation or examine what went before. That lack is one reason that many people find the scientific narrative less compelling than the story of God saying 'Let there be light' and forming the universe; nor does everyone find personal meaning in the physics-based origin story. For those, that meaning will indeed come only from religion or perhaps philosophy; for others, what physics says about the universe and our place in it provides the best path towards meaningful understanding.

The query 'are we alone in the universe?' has also been of enduring interest. We cannot yet give a definitive answer, but since the last years of the 20th century, we have found more water in the solar system than we once thought existed, in unexpected places such as beneath the surface on moons of Jupiter and Saturn, and on Mars; we have discovered other solar systems with possibly Earth-like planets like the seven in the Trappist-1 system, 39 light years away; and in 2018, researchers reported that NASA's Curiosity rover found complex organic compounds by drilling into the Martian surface—compounds that conceivably represent life that once existed there. With this new knowledge, we must conclude that the odds for finding past or present life elsewhere have greatly increased.

We have learned more too about another question that occupied the early Greeks, the constitution of matter. Democritus championed the atomic theory, whereas Aristotle believed the world is made of the four elements Earth, Air, Fire, and Water, and that celestial bodies are made of something different, the Aether. Now modern understanding supports the reductionist atomic theory and provides further understanding down to the level of quarks and up to the level of condensed matter and exotic forms of matter; yet Aristotle was not completely wrong either. We have found an apparently different form of matter by looking to the skies as he did, and have yet to find dark matter in our own earthly sphere.

It is true that Democritus' and Aristotle's ideas were more speculative than what we today call 'scientific', but speculation should still play a meaningful role in the future of physics—for instance, in the desire to find a means to exceed the speed of light as we explore the universe. Yes, the theory of relativity absolutely forbids this for a speeding spacecraft, and though wormholes that would give effective speeds greater than that of light are mathematically possible, we have not found any nor do we see how they could be used in reality.

But thinking and theorizing about such possibilities, always eventually to be confirmed by experiment, should not be left out of the physics imagination. Our experience with serendipity, from the discovery of X-rays to the discoveries of the CMB, the 'butterfly effect', and dark energy, should convince us that we never know how and when the next insight will come.

What was of less interest to the early Greeks now plays a big part in how physics affects the world—I mean the application of its principles to produce technology that people use. I've discussed the yin and yang of physics in society, from the terrors of nuclear war to the peaceful uses of nuclear fusion and solar power, and the benign use of physics in biomedicine. These interactions will only grow, as shown by the numbers of physicists involved in applied and industrial work that relates to technology.

Most of that technology will benefit humanity or at least be neutral in its effects; but physicists should be sensitive to their special and historic role in nuclear weaponry and warfare in general. The biomedical science community is now considering the ethical implications of human genetic engineering even before the technology is fully established. Nuclear weapon technology is already established, but the global physics community would do well to consider its place in a world with new nuclear threats, and how physicists might help to reduce them.

Then there is the future of physics itself as a profession (for many physicists, more than that, a calling). Its character is changing and should continue to do so, especially its heavily male nature. It would greatly benefit physics and society to reach a more even gender ratio so that a woman in a lab is no longer unusual. Driven by social trends and by focused efforts from professional physics societies and other groups in the US, UK, and elsewhere, the number of women in physics is indeed growing, though not quickly. In the US, the percentage of women who earned physics PhDs has increased from 7 per cent to 20 per cent, but that took twenty-nine years, from 1983 to 2012. In 2013, a survey across the European Union showed that women still occupied only 11 per cent of full professor academic positions in the natural sciences and engineering.

In an encouraging sign, however, that same European survey shows that the number of female researchers across all fields has been rising faster than the number of male researchers. Another positive change is that discrimination against, and sexual harassment of, women in the sciences is now taken more seriously, as shown by recent cases at US universities and CERN. These trends suggest that while it will not happen in just a few years, with continuing efforts towards equal treatment, women in physics—and in all science—are on their way to a more equitable position worldwide.

Similar considerations apply to underrepresented racial and ethnic minorities. Their definitions vary by country, but in the US, these constitute African Americans, Hispanic Americans, and Native Americans. Their numbers in physics have grown but still represent under 7 per cent of US PhD physics degrees awarded in 2013–15, whereas these groups formed nearly 30 per cent of the US population in 2010. As is the case for women, new efforts are being made in recruiting more physicists from these ranks, to benefit physics and to fulfil the ideal of the US to be a fully inclusive society—an aspiration that other democratic societies share.

An international enterprise

Another change in physics is its growing internationalization. From its Greek roots, the science of physics grew through different cultures and nations to become international, at least throughout Europe as shown in the 1900 International Congress of Physics held in Paris. The American presence in physics was hugely enhanced by the Manhattan Project during World War II; then, after the war, the US could afford to devote resources to physics and science that other war-damaged nations could not.

Now physics is thriving across the globe. Multi-nation consortiums like CERN, ITER, and ESA carry out major research projects; China and Japan have both proposed building successors to the LHC; and the Indian Space Research Organization plans to send a lander to the moon's unexplored South Pole, and then to examine Mars and Venus. China especially is rapidly becoming a major scientific power. A recent NSF report 'Science & Engineering Indicators' notes that China is now the world's largest spender on research and development after the US. It also produces a prodigious number of research papers, for instance having published about 426,000 articles in 2016 compared to some 409,000 articles from the US.

International physics follows the best traditions of science as a universal human endeavour; but strength in physics research and the technology it supports also has powerful implications for economic and military competitiveness among nations, and for the welfare of their citizens. Changes in where and how physics is done globally could strongly influence future geopolitics and the international order, and the goal of understanding nature cannot be entirely separated from these societal roles—nor should it. The quest, after all, is supported by society, and physics should likewise contribute to society.

The quest

Yet the pure quest at the heart of physics (and all science) has its own deep value apart from political realities, or commercial and military applications. The journey to scientific understanding takes its place alongside art, philosophy, and religion as expressions of the human spirit that seek to make sense of what may seem an uncaring, even fearful, universe.

Our greatest physicists have known this. Isaac Newton has told us that he was like a little boy playing at the seashore 'whilst the great ocean of truth lay all undiscovered before me'. Marie Curie understood the power of knowledge in a famous quote ascribed to her, 'Nothing in life is to be feared, it is only to be understood. Now is the time to understand more, so that we may fear less.' And Albert Einstein reminds us:

> The important thing is not to stop questioning. Curiosity has its own reason for existence. One cannot help but be in awe when he contemplates the mysteries of eternity, of life, of the marvelous structure of reality. It is enough if one tries merely to comprehend a little of this mystery each day.

Future physics will find answers to the newest and the oldest questions, and will aid humanity as well, if it can remember and follow these wise words.

References

Chapter 1: It all began with the Greeks

'To the same degree of refrangibility...', I. Newton, *Newton's Philosophy of Nature: Selections from His Writings*, H. S. Thayer, editor (Mineola, NY: Dover Publications, 2005), p. 74.

'Completed one full turn of the helix of scientific advance...', J. L. Heilbron, *Physics: A Short History* (Oxford: Oxford University Press, 2015), p. 111.

'Age of correlation' and 'cannot possibly be a material substance' are quoted in F. Cajori, *A History of Physics* (Mineola, NY: Dover Publications, 1962), pp. 143, 202.

'While it is never safe to affirm that the future of Physical Science...', A. Michelson, *The University of Chicago Annual Register, July* 1895–*July* 1896 (Chicago: University of Chicago Press, 1896), p. 159.

Chapter 2: What physics covers and what it doesn't

Newton's definitions of absolute space and time are found in I. Newton, *Newton's Principia: The Mathematical Principles of Natural Philosophy*, Andrew Motte, translator (New York: Daniel Adee, 1846), p. 77.

'A wonderful opportunity for YOU...', LHC@home, http://lhcathome.web.cern.ch/about/why-we-need-your-help

The figures cited in the paragraphs beginning 'We can compare what physicists are doing...' and 'Today, judging by the lists...' come from A. K. Wróblewski, 'Physics in 1900', *Acta. Physica Polonica B* **31**, 2 (2000), pp. 179–95; United States Department of Labor, Bureau of Labor Statistics, 'Occupational Employment Statistics',

https://www.bls.gov/oes/current/oes192012.htm; American Physical Society, 'Official 2018 Yearly Unit Membership Statistics', https://www.aps.org/membership/units/upload/YearlyUnit18.pdf (accessed 30 May 2018).
'The physical principles and mechanisms...', American Physical Society Division of Biological Physics, https://www.aps.org/units/dbp/biological.cfm. (accessed 17 May 2018).

Chapter 3: How physics works

'The cause and effect must be contiguous...', D. Hume, *A Treatise of Human Nature* (London: Penguin Books, 1985), p. 223.
The comments about mathematics come from E. P. Wigner, 'The Unreasonable Effectiveness of Mathematics in the Natural Sciences', *Comm. Pure Appl. Math.* **13**, 1 (1960), pp. 1–14.
'Even by 1983, only 7 per cent of US physics PhDs...', Patrick J. Mulvey and Starr Nicholson, American Institute of Physics, 'Trends in Physics PhDs', https://www.aip.org/sites/default/files/statistics/graduate/trendsphds-p-12.2.pdf (accessed 30 May 2018).
'We are to admit no more causes...', I. Newton, *Newton's Principia: The Mathematical Principles of Natural Philosophy*, Andrew Motte, translator (New York: Daniel Adee, 1846), p. 384.
'I was sitting in a chair...', is quoted in W. Isaacson, *Einstein: His Life and Universe* (New York: Simon and Schuster, 2008), p. 145.
'Spacetime tells matter...', J. Wheeler, *Geons, Black Holes, and Quantum Foam* (New York: W. W. Norton, 1998), p. 235.
'In the fields of observation...' is quoted in S. Finger, *Minds Behind the Brain* (Oxford: Oxford University Press, 2000), p. 309.
The comments about multiverses and string theory can be found in P. Steinhardt, 'Theories of Anything', *Edge*, '2014: What Scientific Idea is Ready for Retirement', https://www.edge.org/response-detail/25405; Richard Dawis interviewed by Richard Marshall, 'String Theory and Post-empiricism', *3:AM Magazine*, http://www.3ammagazine.com/3am/string-theory-and-post-empiricism/; G. Ellis and J. Silk, 'Defend the Integrity of Physics', *Nature* **516**, 18/25 December 2014, pp. 321–3; S. Hossenfelder, 'Post-empirical Science is an Oxymoron', *BackRe(action)*, http://backreaction.blogspot.com/2014/07/post-empirical-science-is-oxymoron.html (all websites accessed 18 May 2018).

Comments by Roger Penrose about 'fashionable' physics and string theory can be found in R. Penrose, *The Road to Reality* (London: Vintage, 2005), and R. Penrose, *Fashion, Faith, and Fantasy in the New Physics of the Universe* (Princeton, NJ: Princeton University Press, 2017).

Chapter 4: Physics applied and extended

'The results of your researches…', Nobelprize.org, 'The Nobel Prize in Chemistry 1935: Award Ceremony Speech', http://www.nobelprize.org/nobel_prizes/chemistry/laureates/1935/press.html (accessed 17 May 2018).

Chapter 5: A force in society

'Physics is a major component…', APS Physics: Forum on Physics and Society, 'History of the APS Forum on Physics and Society (1972–2015)', https://www.aps.org/units/fps/history.cfm (accessed 17 May 2018).

'The generation of American physicists…', Daniel J. Kevles, *The Physicists* (New York: Alfred A. Knopf, 1977, 1995), p. ix.

Data about the percentage of Americans who believe in the Big Bang Theory come from Scitable, 'Unbelievable: Why Americans Mistrust Science', Ryan Hopkins, 31 May 2014, https://www.nature.com/scitable/blog/scibytes/unbelievable; *The Atlantic*, 'A Majority of Americans Still Aren't Sure About the Big Bang', Alexis C. Madrigal, https://www.theatlantic.com/technology/archive/2014/04/a-majority-of-americans-question-the-science-of-the-big-bang/360976/, 21 April 2104; Cary Funke and Lee Rainie, Pew Research Center, 'Public and Scientists' Views on Science and Society', http://www.pewinternet.org/2015/01/29/public-and-scientists-views-on-science-and-society/, 20 January 2015 (all websites accessed 30 May 2018).

Data about the percentage of Americans who believe in evolution come from Jon D. Miller, Eugenie C. Scott, and Shinji Okamoto, 'Public Acceptance of Evolution', *Science* **313**, 11, pp. 765–6; and Gallup News, 'In U.S., Belief in Creationist View of Humans at New Low', Art Swift, http://news.gallup.com/poll/210956/belief-creationist-view-humans-new-low.aspx (accessed 30 May 2018).

'Research laboratory for commercial applications…', GE, 'Heritage of Research', https://www.ge.com/about-us/history/research-heritage (accessed 17 May 2018).

'However, fifty years later the NAS formed…', The discussion in this and the next paragraph follows J.-G. Hagmann, 'Mobilizing US Physics in World War I', *Physics Today* **70**, 8 (2017), p. 44. 'Entanglement of scientific, industrial, and military research…' and '[s]cientific and technological research, including major contributions from physics…' appear on p. 50 of that article.

'Now I am become Death, the destroyer of worlds', J. R. Oppenheimer in *The Day After Trinity* (1981), https://www.youtube.com/watch?v=Vm5fCxXnK7Y (accessed 17 May 2018).

'The power to influence policy…', Daniel J. Kevles, *The Physicists* (New York: Alfred A. Knopf, 1977, 1995), p. ix.

Chapter 6: Future physics: unanswered questions

'Not by questioning the quantum…', J. Wheeler, quoted in *Between Quantum and Cosmos*, W. Zurek, A. Van Der Merwe, and W. Miller, editors (Princeton, NJ: Princeton University Press, 2017), p. 12.

Data about women in physics in the European Union comes from European Commission, 'She Figures 2012: Gender in Research and Innovation', http://ec.europa.eu/research/science-society/document_library/pdf_06/she-figures-2012_en.pdf (accessed 23 November 2018).

The figure about US PhD physics degrees awarded to minorities comes from APS Physics, 'Minority Physics Statistics', https://www.aps.org/programs/minorities/resources/statistics.cfm (accessed 30 May 2018). The figure about the percentage of minorities in the US population comes from 'Population of the United States by Race and Hispanic/Latino Origin, Census 2000 and 2010', https://www.infoplease.com/us/race-population/population-united-states-race-and-hispaniclatino-origin-census-2000-and-2010 (accessed 26 July 2018).

'Whilst the great ocean of truth…', I. Newton, quoted in D. Brewster, *Memoirs of the Life, Writings, and Discoveries of Sir Isaac Newton*, Volume II (Edinburgh: Thomas Constable and Company, 1855), p. 407.

'The important thing is not to stop questioning…', A. Einstein, quoted in William Miller, 'Death of a Genius: His Fourth Dimension, Time, Overtakes Einstein', *LIFE* magazine, 2 May 1955, p. 64.

Further reading and viewing

In addition to the works listed below, interested readers will find brief focused treatments of many of the physics topics discussed here in other books in the *Very Short Introduction* series, which cover astrophysics, nuclear physics, quantum theory, relativity, and more.

Chapter 1: It all began with the Greeks

Florian Cajori, *A History of Physics* (New York: Dover Publications, 1962).

J. L. Heilbron, *Physics: A Short History from Quintessence to Quarks* (Oxford: Oxford University Press, 2015).

J. L. Heilbron, *The History of Physics: A Very Short Introduction* (Oxford: Oxford University Press, 2018).

Donald J. Kevles, *The Physicists: The History of a Scientific Community in Modern America* (New York: Vintage Books/Knopf, 1995).

Helge Kragh, *Quantum Generations: A History of Physics in the Twentieth Century* (Princeton, NJ: Princeton University Press, 2002).

National Research Council, *Physics in a New Era: An Overview* (Washington, DC: National Academies Press, 2001).

Chapter 2: What physics covers and what it doesn't

Robert P. Crease, *Philosophy of Physics* (Bristol: IOP Publishing, 2017).

Mathias Frisch, 'Why Things Happen', *Aeon*, 23 June 2015, https://aeon.co/essays/could-we-explain-the-world-without-cause-and-effect (accessed 21 May 2018).

J. Richard Gott and Robert J. Vanderbei, *Sizing Up the Universe: The Cosmos in Perspective* (Washington, DC: National Geographic, 2015).

The Office of Charles and Ray Eames, *Powers of Ten: A Film about the Relative Size of Things in the Universe and the Effect of Adding another Zero* (1977), https://www.youtube.com/watch?v=0fKBhvDjuy0 (accessed 21 May 2018).

Caleb Scharf and Ron Miller, *The Zoomable Universe: An Epic Tour Through Cosmic Scale, from Almost Everything to Nearly Nothing* (New York: Farrar, Straus and Giroux/Scientific American, 2017).

A. K. Wróblewski, 'Physics in 1900', *Acta. Physica Polonica B* **31**, 2 (2000), pp. 179–95.

Chapter 3: How physics works

Frank Close, *The Infinity Puzzle: Quantum Field Theory and the Hunt for an Orderly Universe* (New York: Basic Books, 2011).

Walter Isaacson, *Einstein: His Life and Universe* (New York: Simon and Schuster, 2008).

George Johnson, *The Ten Most Beautiful Experiments* (New York: Knopf/Vintage, 2009).

Alan Lightman, *Great Ideas in Physics* (New York: McGraw Hill, 2000).

Royston M. Roberts, *Serendipity: Accidental Discoveries in Science* (New York: Wiley, 1989).

Eugene P. Wigner, 'The Unreasonable Effectiveness of Mathematics in the Natural Sciences', *Comm. Pure Appl. Math.* **13**, 1 (1960), pp. 1–14.

Chapter 4: Physics applied and extended

Philip Ball, *Made to Measure: New Materials for the 21st Century* (Princeton, NJ: Princeton University Press, 1997).

Richard B. Gunderman, *X-Ray Vision: The Evolution of Medical Imaging and Its Human Significance* (Oxford: Oxford University Press, 2012).

Robert Hazen, *The Story of Earth: The First 4.5 Billion Years, from Stardust to Living Planet* (New York: Penguin Group, 2012).

Nano.gov, *National Nanotechnology Initiative*, https://www.nano.gov (accessed 21 May 2018).

John W. Orton, *The Story of Semiconductors* (Oxford: Oxford University Press, 2006).

Michael Riordan and Lillian Hoddeson, *Crystal Fire: The Birth of the Information Age* (New York: W. W. Norton, 1997).
Scientific American, *Understanding Nanotechnology* (New York: Time Warner Book Group, 2002).
Neil deGrasse Tyson, Michael A. Strauss, and J. Richard Gott, *Welcome to the Universe: An Astrophysical Tour* (Princeton, NJ: Princeton University Press, 2016).

Chapter 5: A force in society

Jon H. Else (director), *The Day after Trinity* (film, 1981), https://www.youtube.com/watch?v=Vm5fCxXnK7Y (accessed 22 May 2018).
Johannes-Geert Hagmann, 'Mobilizing US Physics in World War I', *Physics Today* **70**, 8 (2017), pp. 44–50.
Donald J. Kevles, *The Physicists: The History of a Scientific Community in Modern America* (New York: Vintage Books/Knopf, 1995).
Stanley Kramer (director), *On the Beach* (film, 1959), https://www.youtube.com/watch?v=Ue8hC5qqMt4 (accessed 22 May 2018).
Stanley Kubrick (director), *Dr. Strangelove or: How I Learned to Stop Worrying and Love the Bomb* (film, 1964), https://archive.org/details/DRStrangelove_20130616 (accessed 22 May 2018).
Sidney Perkowitz, *Empire of Light: A History of Discovery in Science and Art* (New York: Henry Holt, 1996).
Sidney Perkowitz, *Hollywood Science* (New York: Columbia University Press, 2007).
Sidney Perkowitz, *Slow Light: Invisibility, Teleportation and Other Mysteries of Light* (London: Imperial College Press, 2011).
Richard Rhodes, *The Making of the Atomic Bomb* (New York: Simon & Schuster, 2012).
Michael Riordan, Lillian Hoddeson, and Adrienne W. Kolb, *Tunnel Visions: The Rise and Fall of the Superconducting Super Collider* (Chicago: University of Chicago Press, 2015).

Chapter 6: Future physics: unanswered questions

Steve Fetter, Richard L. Garwin, and Frank von Hippel, 'Nuclear Weapons Dangers and Policy Options', *Physics Today* **71**, 4 (2018), pp. 32–9.
Nancy M. Haegel et al., 'Terawatt-scale Photovoltaics: Trajectories and Challenges', *Science* **356** (6334), 14 April 2017, pp. 141–3.
Catherine Heymans, *The Dark Universe* (Bristol: IOP Publishing, 2017).

Siddarth Koduru Joshi et al., 'Space QUEST Mission Proposal: Experimentally Testing Decoherence Due to Gravity', *New J. Phys.* **20**, June 2018, http://iopscience.iop.org/article/10.1088/1367-2630/aac58b/meta (accessed 10 July 2018).

Mark Miodownik, *Stuff Matters: Exploring the Marvelous Materials That Shape Our Man-Made World* (London: Penguin, 2013).

National Research Council, *Physics in a New Era* (Washington, DC: National Academies Press, 2001).

Sidney Perkowitz, *Slow Light: Invisibility, Teleportation and Other Mysteries of Light* (London: Imperial College Press, 2011).

M. White, *What's Next for Particle Physics?* (Bristol: IOP Publishing, 2017).

“牛津通识读本”已出书目

古典哲学的趣味
人生的意义
文学理论入门
大众经济学
历史之源
设计，无处不在
生活中的心理学
政治的历史与边界
哲学的思与惑
资本主义
美国总统制
海德格尔
我们时代的伦理学
卡夫卡是谁
考古学的过去与未来
天文学简史
社会学的意识
康德
尼采
亚里士多德的世界
西方艺术新论
全球化面面观
简明逻辑学
法哲学：价值与事实
政治哲学与幸福根基
选择理论
后殖民主义与世界格局
福柯
缤纷的语言学
达达和超现实主义
佛学概论
维特根斯坦与哲学
科学哲学
印度哲学祛魅
克尔凯郭尔
科学革命
广告
数学
叔本华
笛卡尔
基督教神学
犹太人与犹太教
现代日本
罗兰·巴特
马基雅维里
全球经济史
进化
性存在
量子理论
牛顿新传
国际移民
哈贝马斯
医学伦理
黑格尔
地球
记忆
法律
中国文学
托克维尔
休谟
分子
法国大革命
民族主义
科幻作品
罗素
美国政党与选举
美国最高法院
纪录片
大萧条与罗斯福新政
领导力
无神论
罗马共和国
美国国会
民主
英格兰文学
现代主义
网络
自闭症
德里达
浪漫主义
批判理论

德国文学
戏剧
腐败
医事法
癌症
植物
法语文学
微观经济学
湖泊
拜占庭
司法心理学
发展
农业
特洛伊战争
巴比伦尼亚
河流
战争与技术
品牌学
数学简史
物理学
行为经济学
计算机科学
儒家思想

儿童心理学
时装
现代拉丁美洲文学
卢梭
隐私
电影音乐
抑郁症
传染病
希腊化时代
知识
环境伦理学
美国革命
元素周期表
人口学
社会心理学
动物
项目管理
美学
管理学
卫星
国际法
计算机

电影
俄罗斯文学
古典文学
大数据
洛克
幸福
免疫系统
银行学
景观设计学
神圣罗马帝国
大流行病
亚历山大大帝
气候
第二次世界大战
中世纪
工业革命
传记
公共管理
社会语言学
物质
学习
化学